WHAT EINSTEIN DIDN'T KNOW:
Scientific Answers to Everyday Questions

請問牛頓先生，番茄醬該怎麼倒？

破不了的定律、消失的雪人、吵鬧的冰塊，愛因斯坦也想知道的 109 個科學謎題

羅伯特・沃克（Robert L. Wolke）◎著
高雄柏◎譯

前言
原來如此！

別管「科學」這個詞。本書只是告訴你每件事情表面下發生的事。本書設想的讀者是對周遭世界好奇，但沒有時間找出箇中解釋或對科學稍微怕怕的人。

當然，對於日常事物為何發生的解答必須是科學性的（就是合乎邏輯且精確）。但是你不會看到常見的通俗科學，那些使你和從前一樣迷惑的非解答。你得到的不僅是回答，而且是解釋——是一些平凡的話語，我希望它們能夠讓你獲致真正的「原來如此」的理解。

傳統上，人們在四個地方碰上科學：教室、教科書、童書以及科學家嚴肅得要命的論文。不幸的是，科學課堂與教科書造成對科學失去興趣的人，至少與引起興趣者一樣多（不要引起我長篇大論這件事）。有趣的童書很好，但是它們推動只有小孩才對事情好奇的不正確觀點。然而，莊嚴的科學書籍只是永遠延續「科學天生就不是凡夫俗子能了解之事」的認定。

本書不是教科書，它絕不莊嚴，也不是有趣的童書（但是如果你的孩子拿去看，也別意外）。這是一本給成年人看的有趣的書。但它不是一堆令人驚奇然後立即拋諸腦後的稀罕事實大雜燴。反之，它解答實際生活中真正會有人問到的實際問題：居家生活、廚房與烹調、汽車、市售商品、戶外生活、水及物理。

　　這本書不需要依照順序閱讀。請隨心所欲地瀏覽，然後追尋吸引你目光的問題；每一個解釋都是獨立的。但是，每當相關的資訊存在於書裡的其他部分，我會建議你參閱相關資訊的問題與解答單元。

　　在瀏覽時，你會看見許多的「趣味小實驗」，其簡潔易懂的說明讓你可以自己進行測試，不論你是坐在餐桌邊或飛機上。你也會看到許多「Tips」，你可以用這些小知識與朋友們打個賭，它們可能會、也可能不會為你贏到一杯酒，但至少會引起熱烈討論。

　　全書只要有一則解釋似乎快超出你想知道的，細節都丟到「知識補給站」，以便先跳過太難的細節。

　　好啦，你繼續看下去後，發現「分子」這個字眼幾乎處處出現，而對於它的解釋恐怕會太技術性。別怕，分子大概是在解釋日常周遭事物時唯一無法避免的關鍵字。你或許已經相當了解分子是什麼，但就這本書的目的而言，你需要知道的只是：

- 分子是構成萬事萬物不可分割的微小粒子之一。你眼見與觸及的所有東西各自不同，原因是它們的分子種類、大小、形狀與排列互異。
- 分子是由一群更小的叫做原子的粒子構成。現今發現的原子大約有一百多種，它們能夠以不同方式組合並形成所有的分子。

　　詩人濟慈可能會這樣說：「那是你對世界所知的全部，而且你也只需要知道那麼多。」

　　祝你快樂地理解事物。

目次

煎煮食物而不起油煙？／小蘇打和發粉都算化學添加物嗎？／為什麼沒辦法用高溫熔化鹽？／微波爐是靠分子摩擦加熱嗎？／什麼是猶太粗鹽？鹽也有異教徒嗎？／天然海鹽真的比較美味及營養嗎？／現磨的胡椒比較香，那鹽呢？／兩杯糖可以溶於一杯水嗎？／不沾鍋為什麼不沾？／為什麼可以用糖或鹽保存食物？／菠菜的鐵質可能多到被磁鐵吸住嗎？

電池怕冷嗎？／擋風玻璃被撞擊時為什麼會變成小碎片？／有沒有可以徹底防止生鏽的辦法？／汽車抗凍劑有用嗎？／將細砂撒在結冰路面能防止汽車打滑嗎？／為什麼下雪天要在馬路上撒鹽？／為什麼鴨子游泳不會打濕羽毛？／油為什麼可以潤滑？／用打氣筒幫汽車輪胎打氣為何會這麼累？／為何用打氣筒打氣，打氣嘴會變熱？／一氧化碳跟二氧化碳有什麼不同？／貨櫃車裡載的鴿子若飛起來，車會變輕嗎？

解凍盤的功效真有那麼神奇嗎？／啤酒開瓶時，為什麼瓶口會產生煙霧？／食物的熱量如何轉化為人體的能量？／為什麼我們用玉米糖漿取代蔗糖？／為什麼

餅乾上面要有小孔？／貼上冷敷包後為什麼會涼涼的？／「凍傷」也算是一種「燙傷」嗎？／磨碎的牡蠣殼可以做成好的鈣類補品嗎？／味精為什麼能讓食物更美味？／吃「帶血」的生牛排真的會吃到血嗎？／瓶裝番茄醬要搖一搖才容易倒出來？／為什麼食用油要添加氫？／乾冰為什麼是乾的？／果凍是豬皮做的嗎？／為什麼魚會有腥味？／不同酒類的酒精度是怎麼算出來的？

為什麼海邊總會吹來徐徐涼風？／為什麼湧向岸邊的波浪總與海岸線平行？／為什麼中午的陽光最容易曬傷？／能由樹蔭下的溫度算出馬路上的溫度嗎？／自由女神像為什麼是綠色的？／為何空氣是透明的？／為什麼是用水銀柱的高度來計算壓力？／為什麼晴天的雲是白的，雨天的是黑的？／蟋蟀先生，今天氣溫幾度？／為什麼玻璃做的溫室可以保暖？／雪人怎麼不見了？／為什麼快要下雪前，反而感覺比較暖和？／人造雪是怎樣做出來的？／為什麼雪可以做成雪球、堆成雪人？／煙火為什麼會有這麼多種顏色？／為什麼氣球會往天上飛？／充滿氣的飛船如何克服熱脹冷縮？／為什麼太空梭返回地球會遭到高溫洗禮？

目次

第 1 章

肥皂如何辨別哪些是髒東西？

關於居家生活的 18 個科學謎題

讓我們先在屋子裡轉上幾圈。如果用心注意的話，就會找到許多可以深究的迷人事物。好比，蠟燭在餐桌上燃燒，香檳一個勁兒地冒泡；同時，我們正透過觀景窗欣賞夕陽。又好比，洗衣間裡的肥皂與漂白水正發揮化學魔力，對付通稱為「汙漬」的東西。

在第一章裡，我們將看見發生在蠟燭、香檳、夕陽、肥皂，以及漂白水裡所進行的驚奇事物，更別提還有水床與淋浴。

有　　趣　　的　　謎　　題

1. 肥皂是如何製造的？
2. 肥皂如何辨別哪些是髒東西？
3. 水也有軟硬之分嗎？
4. 蠟燭燃燒後，蠟跑去哪裡了？
5. 藍色的火還是黃色的火適合烤肉？
6. 汽水為什麼不再冒泡泡？
7. 拿橡膠去加熱，結果會膨脹還是收縮？
8. 保溫瓶為什麼保熱又保冰？
9. 汽水一開瓶，竟然瞬間結冰！有可能嗎？
10. 冬天睡水床為什麼特別冷？
11. 香菸煙霧的顏色會由藍變白嗎？
12. 開香檳前一定要先搖一搖嗎？
13. 銀湯匙真的比不鏽鋼的好用嗎？
14. 做冰淇淋為什麼要用到鹽？
15. 淋浴時，為什麼水總是忽冷忽熱？
16. 為什麼用力甩體溫計才能讓水銀下降？
17. 電池為什麼沒電了？
18. 漂白劑為什麼能洗清髒汙卻保留白色？

肥皂是如何製造的？

人們說，有三種東西你不會想看見它的製造過程：
香腸、法律，還有肥皂。關於立法委員的事，我們
已經知道得夠多了，而且我寧願不要知道香腸的
事。但是我很想知道：肥皂是怎麼製造的？

　　肥皂在製造的過程中非但稱不上神聖，而且一點也
不符合它兩千年來無與倫比、近乎萬用的清潔劑形象。
肥皂可以從廉價、易於取得的材料製造：脂肪與柴灰，
有時候也使用石灰。

　　你可以像古羅馬人那樣製造肥皂：將石灰塊加熱取
得石灰，再將濕的石灰撒在熱的柴灰上並不斷攪拌，接
著把拌好的灰色黏漿鏟進裝了熱水的大鍋，與很多大塊
的羊脂一起煮沸幾小時。當一層厚厚的褐色骯髒乳狀凝
結物在表面形成並隨著冷卻而硬化之後，便可以把它切
成一塊一塊的。那個就是肥皂了。

　　或者，如果你願意的話，可以到店裡去買一塊現代
高度純化的商品。除了肥皂原料這個不折不扣的化合物
之外，它或許還含有填充劑、染料、香水、除臭劑、抗
菌劑、各種乳霜與乳液，以及許多的廣告。有時候，廣
告的含量比肥皂原料還要多。

　　每一種肥皂都是脂肪與某一種強鹼（與鹼相對的是
酸）進行化學反應而產生的。除了羊脂，現今的肥皂可

以使用許多其他不同的油脂來製造，包括牛油、羊油，以及棕櫚油、棉花籽油與橄欖油（Castile 牌肥皂就是用橄欖油製成的）。用來製造現今肥皂的鹼通常是鹼水（氫氧化鈉）。石灰也是好用的鹼，同時仍可以使用少量的柴灰，因為它含有鹼性的碳酸鉀。

因為是將有機化合物（脂肪酸）加入無機化合物（鹼水）之中，肥皂分子保存了兩種母材料的某些特性（頁 87）。它有機的一端喜歡接近油膩的有機物，無機的那一端則受到水的吸引（頁 131），這造成它無與倫比的清潔能力，能將油膩汙漬帶進洗濯的水裡。不論何時，你看見洗髮精、牙膏、刮鬍膏或化妝品標籤出現下列的化學名稱，不必緊張也不必覺得大不了；它們全都是肥皂的化學名稱：硬脂酸鈉、油酸鈉、棕櫚酸鈉、肉豆蔻酸鈉、月桂酸鈉、動物油脂酸鈉，以及椰子酸鈉。鈉改成鉀，那塊肥皂就是用氫氧化鉀而不是氫氧化鈉製造的。鉀肥皂比鈉肥皂軟，甚至可能是液態的。

肥皂如何辨別哪些是髒東西？

每當我們的身體、衣服，或是汽車沾上我們不喜歡的東西時，我們就說它們「髒了」，於是洗淨它們。我們所說的髒東西可能是任何東西。但是，肥皂似乎總是合我們意地除去髒東西，而且只除去髒東西。

　　肥皂這種神奇的物品似乎能夠辨認而且尊重我們的皮膚與我們珍惜的物品，同時又像只留下骨頭的禿鷹一般吞噬太陽之下的所有東西。天底下沒有這樣的神奇物質，而答案就在油與水的性質。說穿了很簡單，其實我們稱的「髒東西」——婉轉地說是「外來異物」——全都是油性的，或者是藉著油脂而黏在我們身上的東西；而肥皂則是獨特且優良的油脂清除劑。

　　在我們想通如何清除髒東西之前，我們必須先檢視我們當初是怎麼弄髒的。

　　一粒微小的汙物（指的是我們不想被沾上的任何東西）可能有兩種方式沾到身上：不是機械式地陷在微小縫隙裡，就是因濕氣而黏附。例如在灰塵飛揚的道路或是在泥濘的道路中沾上汙物，不論是哪種情況，只要好好的用清水沖洗，或許再加把勁稍微刷一刷，就可以很理想地清除外來異物，並不真正需要肥皂。

但是如果汙物顆粒外面包覆的不是水膜而是油膜呢？汙物會像濕泥一般黏在你皮膚上。其實汙物甚至不必具備它自己的油膜，我們的皮膚上就具有足夠的油分讓汙物顆粒黏附。不過，與泥濘不同的是，這種汙物會持續黏附，因為油不像水會蒸發而且乾掉。用清水沖洗也除不掉它，因為水與油不起作用（頁 131）；水就像從包覆油分的鴨子羽毛上一般，避開油汙而流走。

那麼，使油性黏附汙物不黏的唯一辦法，似乎是摧毀黏性的油分本身，汙物就會掉落，或者被液體沖走。

既然如此，讓我們把浴缸裝滿酒精、煤油或者汽油吧；它們都是油脂的良好溶劑，不是嗎？乾洗商就是這樣處理我們的髒衣服：他們在裝滿四氯乙烯（一種溶解油脂極有效率的有機溶劑）的大桶裡攪動。儘管是在很濕的液體裡攪和衣物，他們卻把這個過程叫做「乾」洗。但是還有另一種物質的效果也一樣好，而且毒性較低（據報導曾經有人用它漱口）：那就是肥皂。肥皂並不是真正溶解油脂。它完成驚人清潔作用的方式是誘使油脂進入水裡，以便油脂及被油脂捕捉的汙物可以被水沖走。

肥皂分子既長又細，它們絕大部分（先稱之為「尾巴」）是與油脂分子完全一樣的，因此它與油脂分子間具親和力。但是它們另一端（稱之為「頭部」）擁有一對帶電且很喜愛與水分子扯在一起的原子，就是這個頭部拉著整個肥皂分子進入水中——使肥皂溶解。如果一群肥皂分子在水裡游蕩時碰上微小的汙物顆粒，它們喜

愛油脂的尾巴就抱住油脂，而它們喜愛水的頭部則仍然穩穩地扎在水裡。結果就是油脂被拉進水裡。而油脂捕獲的汙物顆粒就會脫離原來附著的東西，並被水沖走。

知 識 補 給 站

肥皂可以讓水變得更濕？

肥皂的第二個重要作用是：使水更濕。也就是說，當我們正在洗滌時，肥皂有助於水進入物品的每一個細小縫隙。水分子間的互相凝聚力很強（頁 131），所以，位在水面的水分子會受到強大的吸引力要進入水的內部。任何一群粒子所能形成的最緊密隊形就是聚集成球形；因為球形對外界暴露的面積最小。所以，只要在水不受干擾時，就總會形成球形水滴，例如落下的雨水（而這也是西部拓荒者將篷車圍成圓陣抵抗印第安人的原因；若組成的是方陣，那麼他們對外暴露的面積也會比較多）。這種將液體表面上的分子向內拉的力量叫做「表面張力」，它形成的原因是位在表面的分子與液體內部的分子處境不同。

位在液體內部的分子受到上、下與周圍所有分子的吸引力，而且這些吸引力互相抵消。但是位在表面的分子只受下方與周圍分子的吸引，而沒有上方的吸引，所以產生不受來自上方吸引力抵消的向下淨吸引力。這使得表面的水分子比其他水分子更緊密附著於水，於是水就會像是穿上一層韌性的表皮。微小的物體甚至可以停留在水面，而不會穿透這層「皮」沉下去，小蟲甚至還可以在水面上快樂滑行。

該肥皂上場了！肥皂分子擠在水面附近，將喜愛水的頭部朝向水裡，喜愛油脂的尾部伸向水面，從而破壞水的表面張力。這干擾了水分子聚在一起的傾向，而且使它們附著並且濕潤漂浮在水面的異物，像是縫衣針（見本篇「趣味小實驗」），以及其他東西。

趣味小實驗

因為表面張力的緣故，你可以用兩支牙籤或火柴棒將針輕輕平放在碗裡的水面上。

等縫衣針平躺在水面之後，在它周圍撒少許洗衣粉，但不要砸中縫衣針。因為洗衣粉比肥皂更能消滅表面張力，只要有一些洗衣粉溶化，縫衣針會立即沉到碗底。

水也有軟硬之分嗎？

一則加勒比海郵輪的電視廣告說：「對於曬太陽過久的客人，我們甚至用軟水洗床單。」這話能當真嗎？

不能！寫廣告詞的人大概被太陽曬昏頭了。而這也使人納悶，會聽信廣告公司這種蠢話的郵輪公司能不能找到該去的小島？

與其指出床單為什麼不會更軟而侮辱我的讀者，我或許可以婉轉地提醒任何想搭郵輪的人，軟水與硬水並不是因為它們的相對剛性而命名。更進一步來說，也不是你用硬水煮蛋就會使蛋變硬，或是用軟水煮，蛋就會更軟。用「硬」與「軟」來形容水是個可悲的選擇，而且對肥皂而言，最好叫它們為「搗蛋」與「合作」。

硬水指的是一般的家庭用水。它以雨的形式由天空落下，然後流過岩石與小河（或者滲透其內部），隨後被人類取得、儲存與利用。在硬水四處亂逛時，它不可避免地從空氣中吸收二氧化碳，這使它成為酸性的「碳酸」。

這個酸性能夠溶解少量含有鈣與鎂的岩石，例如石灰石（碳酸鈣）與白雲石（混合的碳酸鈣與碳酸鎂）。它也能輕微溶解某些含鐵的礦物，結果，這種水便可能同時含有鈣、鎂與鐵之類的溶解礦物。

　　硬水會被認為是「硬」的，是因為肥皂難以在含有這些礦物的水裡發生適當的作用。肥皂含有一端喜愛油脂、一端喜愛水的長條形分子（頁 13），它主要藉著連結油脂與水來進行清潔工作。

　　問題出在鈣、鎂與鐵會與喜愛水這端的分子起反應而形成不可溶的、白色蠟狀的凝結物；接著，凝結物會消耗掉水裡的肥皂，使它不能進行清潔工作。這些凝結物就是礙眼的皂垢，或者聲名不佳的浴缸汙漬（與一般說法相反：浴缸汙漬更能顯示水的硬度而非洗澡者的衛生習慣）。

　　很湊巧，近期最令人不安的議題就是：你會不會因為吃了某些糖果而將皂垢也一起吞下肚？常見的皂垢之一叫做硬脂酸鎂，硬脂酸來自肥皂（頁 11），鎂來自硬水。硬脂酸鎂是一種柔軟、光滑、蠟狀的物質，因此會黏在浴缸上；但硬脂酸鎂同時也提供各種「可吸吮」的糖果柔軟的質感（如果不禮貌的形容，就是「肥皂」的質感）。如果你看見糖果成分包括硬脂酸鎂，請放心，那不過是純粹的化合物，其製造方式與刮掉浴缸的皂垢大不相同。

　　回頭談硬水的事。我們可以做兩件事解決肥皂在硬水裡無法良好清潔的問題：將水軟化，或者捨棄肥皂改用合成清潔劑。

　　軟化水的根本方法是除掉惱人的礦物質，或者使它們失去作用。許多家用軟水器藉著離子交換來除掉礦物質。離子交換器會利用鈉來取代鈣等礦物質，而且因為

鈉已經存在於肥皂分子中，所以無妨。

　　大約五十年前（不過感覺像在遠古時代），對抗硬水的方法是在洗衣盆裡加進蘇打（碳酸鈉）。這種化合物可以重新形成原來尚未溶解的碳酸鈣與碳酸鎂（本質上原來是岩石），並在形成皂垢前除去它們。

　　不過現在這個年頭，幾乎無人使用肥皂洗滌衣物。超市貨架上占滿的洗衣產品全都是合成清潔劑（除了宣傳花招外，本質上都是一樣）。它們的分子與肥皂同樣具有喜愛油脂與喜愛水的兩端，但它們就是不與鈣和鎂起反應。以備不時之需，它們通常還含有可以軟化水的化學物，例如磷酸物以及（猜看看是什麼）——蘇打。

　　不過，硬水仍然是個壞蛋，因為它會阻塞水管與鍋爐。當硬水被煮沸之時，溶解的鈣與鎂脫離水而形成石灰石與白雲石。這些再生的岩石（或稱為「爐垢」）會在鍋爐、熱水器與水管內部形成頑固的覆膜，使得它們就像脂肪過多的血管一樣阻塞不通。

　　如果您的家庭用水是硬水，用手電筒照射乾的開水壺內部，您將會看見表面上有白色覆膜狀的爐垢。如果那令你不快，在壺裡煮一些醋（一種酸）便可溶解它。

趣 味 小 實 驗

將幾片刮下的肥皂薄片或者幾片象牙雪花皂（Ivory Snow，那是真正的肥皂）與蒸餾水放在瓶裡搖晃。你會得到美麗的、厚厚的一層泡沫。這樣的結果顯示肥皂發揮了作用（蒸餾水純淨而沒有礦物質）。其次，如果你住在硬水地區，加進一點自來水後再搖晃（如果你的供水是軟水，你可以藉著加進少許牛乳來模擬硬水）。硬水（或牛乳）裡的鈣會完全消滅肥皂泡，甚至會看見一些漂浮的白色皂垢。

蠟燭燃燒後，蠟跑去哪裡了？

蠟燭燃燒後，蠟到哪裡去了？

除了那些滴得桌布到處都是的蠟之外，其他都去了汽油與重油燃燒時會去的地方：空氣裡（但化學形式已改變）。

蠟燭通常是石蠟製成的，那是我們可以在石油裡找到的碳氫化合物混合物。正如其名稱所暗示的，碳氫化合物分子除了氫原子與碳原子之外，什麼都沒有。當它們燃燒時，它們與空氣裡的氧起反應：碳與氧形成二氧化碳，氫與氧形成水（不過未必完全反應。頁 22），而這兩種產物在火燄的溫度下都是氣態的，所以它們進入空氣裡。

我們還會燃燒其他的碳氫化合物，例如：天然氣裡的甲烷、煤氣烤肉架與吹管裡的丙烷、打火機裡的丁烷、煤油燈裡的煤油以及汽車裡的汽油。它們全都會因燃燒而產生二氧化碳與水蒸氣，並且似乎會在過程中消失。紙、木材與煤更包含有不燃燒的礦物與植物材料，所以除了產生二氧化碳與水，它們還殘留下灰燼。

> **Tips** 🌡️ 當沒有足夠的氧氣能產生二氧化碳時，例如：在汽車發動機裡，我們也會得到一些一氧化碳（頁 141）。

趣味小實驗

把冰塊放進薄的鋁製小淺鍋裡，待鍋變冷後，再放在蠟燭或者打火機的火燄上方。一會兒後，你可以檢查鍋底，就會看見來自火燄的水蒸氣在鍋底凝結成液態水。

知識補給站

為什麼蠟燭沒有燭芯就不能燃燒？

燭芯藉著毛細作用，將熔蠟向上引導到它能氣化並與空氣中氧氣混合的地方。一塊固態的蠟，甚至一灘熔化的蠟都不會燃燒，因為蠟分子無法接觸足夠的氧分子；只有氣化的蠟能與氧分子密切混合並且起反應。燃燒是釋出能量的反應，一旦燃燒開始，它便會釋出足夠的熱熔化蠟，接著將蠟氣化以便繼續燃燒。

藍色的火還是黃色的火適合烤肉？

煤氣烤肉架的火燄是藍色的，餐桌上的燭光卻是黃色的。是什麼使火燄顏色不同？

這取決於有多少氧可供燃燒中的燃料使用。大量的氧造成藍色火燄，氧若不足就會造成黃色火燄。讓我們先談談黃色火燄。

蠟燭其實是一種很複雜的火燄產生器。首先，某些蠟必須熔化，然後液態蠟又必須沿著燭芯上行，氣化成為氣體，唯有如此才能燃燒──與空氣中的氧反應，形成二氧化碳與水蒸氣（頁 20）。但這絕非有效率的燃燒過程。

如果是百分之百的完全燃燒，蠟應該完全轉換成看不見的二氧化碳與水。但是，火燄無法從它直接接觸的空氣中取得足夠的氧來完成這項動作。因為帶有滋養火燄所需氧氣的空氣無法以夠快的速度流動，以致無法對應所有已經氣化並且準備燃燒的石蠟。

同樣的事發生在煤油燈、紙的燃燒、營火、森林火災以及房屋失火：這些全都是黃色火燄（因為空氣就是無法快速流進去，以致無法使燃料完全燃燒成二氧化碳與水）。

趣味小實驗

如果你不相信蠟燭火燄裡有未燃燒的微小碳粒子，只要把小刀刀刃伸進火燄幾秒鐘，即可捕捉還沒燒掉的碳粒子。你應該會發現刀刃上有一層絨布狀的深黑色碳膜，這種碳黑大約是已知最黑的物質，世人也將其應用在墨水中。

　　另一方面，因烤肉架與瓦斯爐使用氣態燃料，所以燃料不需再經過氣化的過程。這使燃料更容易跟空氣混合，以便全力進行燃燒反應。因為燃料幾乎完全燃燒，我們得到更熱的火燄，而且是清澈透明的火燄，因為沒有發光的碳粒子干擾它。

　　還想要更熱嗎？那你應該使用純氧，而非將空氣與燃料混合？畢竟，空氣裡大約只有 20% 是氧氣。玻璃加工者使用混合氧氣與天然氣（甲烷）的吹管，以產生大約華氏 3000 度（攝氏 1600 度）的火燄溫度。焊接技工使用的氧氣與乙炔吹管可達到約華氏 6000 度（攝氏 3300 度）。除非吹管調整不當，燃料得不到足夠氧氣使之完全燃燒，不然它們全都是清澈、藍色的火燄。但

若是不完全燃燒的狀況下，我們會得到黃色、含粒子的火燄。

知識補給站

為什麼高溫、經過適當調整的火燄是藍色而不是其他顏色？

這是因為在火燄裡被加熱的原子與分子能夠吸收某些熱能，然後迅速把能量以光的形式釋放出來（頁 226）。每一種物質在受熱刺激後都會放出自己特有典型的波長或者光的顏色（行話：每一種物質有自己獨特的發射光譜）。煤氣烤肉架裡的丙烷或天然氣，與焊接技工吹管裡的乙炔很相似；它們都是碳氫化合物——碳與氫的化合物。碳氫化合物分子放出的特定光線波長剛好有許多是位在可見光譜的藍色與綠色部分。其他種類的原子與分子如果被氣化且燃燒，就會把它們特定的顏色賦予火燄，而這就是製造彩色煙火的方法（頁 226）。

問題
6

汽水為什麼不再冒泡泡？

我通常買 2 公升瓶裝的汽水，但是這麼大瓶裝的汽水會有個問題：難以保持剩下的汽水到下一次吃披薩時仍然大聲嘶嘶作響。除了關緊蓋子之外，我還能做什麼以避免它走氣？那種放在瓶嘴上打氣的玩意兒怎麼樣？它真的有用嗎？

我們的目標是盡量在瓶子裡保持足夠的二氧化碳，因為那就是構成小氣泡的東西。把瓶蓋塞緊當然是第一道防線，但坦白說，幫助不大。

市面上有許多塞子可買，包括那種很炫、打氣式的，例如：一款迷你式的腳踏車打氣筒。這種工具可以讓我們緊旋在瓶子上，而我們只需抽動活塞來壓縮瓶裡的空氣即可。聽起來很好，但不幸的是，它完全是個騙局！它只不過是使我們以為汽水比實際上有氣。好，讓我們看看為什麼？

當溶解的二氧化碳氣體以氣泡方式冒出時，汽水就會發泡。氣體拚命想脫離液體的原因是汽水廠的人打進遠超過正常氣壓下能夠溶解的二氧化碳。一旦我們打開瓶蓋，大部分過剩的氣體便會立即逃離瓶子，面對這樣的狀況我們只能束手無策。所以，我們所要做的是：如何使剩下的氣體盡可能地長時間留在液體裡。

　　有三件事決定液體裡可以溶解多少氣體：特定氣體的化學反應、壓力以及溫度。

　　• 化學反應：與水起反應的氣體通常比不起反應的氣體更容易溶解，而後者的分子只是在水裡漫無目的地游動。二氧化碳是與水起反應的氣體之一，它形成給汽水、啤酒以及發泡葡萄酒淡淡香味的碳酸。空氣裡的氮與氧不會與水起反應，因此，室溫下二氧化碳溶水性是氮的五十倍、氧的二十五倍。

　　• 壓力：壓力的效應正如我們所預期，當液體上方的氣壓愈大，被壓進液體的氣體愈多。其中的道理是這樣的：壓力較高時，液體上方每立方英寸的空間會有更多氣體分子四處亂竄，因此每秒有更多分子進入液體。

　　• 溫度：溫度的效應或許剛好與所預期的相反──溫度愈高，溶解的氣體愈少。換句話說，某一液體溫度愈低，它能溶解的氣體愈多。其中的原因比我們目前想要探究的更複雜，所以我們留到後面（頁 28 的「知識補給站」）。不過先提一個例子：水在室溫下大約只能容納在冰箱冷藏溫度時一半的二氧化碳。

　　於是我們有了一個結論：為了盡可能多保留溶解在汽水裡的二氧化碳，我們必須保持高氣壓與低溫度。溫度不是問題，我們只需在開瓶之前將它確實冷藏，並在開啟之後盡快將剩下的放回冰箱即可。

　　然而，壓力又完全是另一回事了！二氧化碳分子在汽水廠裡被壓迫進入汽水裡面；它們就像一群得了幽閉恐懼症的患者們被壓進電梯，並在我們一開瓶的瞬間立

刻瘋狂湧出。幾乎所有的二氧化碳氣壓都在「咻！」的一聲中四散了。一旦發生那種事，汽水就不可避免地會走氣。

　　但我們真的無計可施了嗎？我們能不能用某種方式重建壓力，以便留住打嗝的機會？

　　現在該請出專賣小玩意兒的商人了。他們說，只要把他們的小玩意兒緊旋到瓶子上，然後推動活塞幾次就搞定了。在下一次開瓶時，我們就可以享受從沒聽過、最大、最令人滿意的一聲「咻！」，而且你甚至會以為這瓶汽水還是剛出廠的！

　　但你猜怎麼著？汽水裡的二氧化碳分子，並不會比單純蓋緊汽水瓶蓋還多。即使瓶子裡只有普通的水與空氣，你也會得到相同的「咻！」聲。這種小玩意兒只是昂貴的塞子而已，因為你打進瓶子裡的是空氣而不是二氧化碳。空氣裡當然有二氧化碳，但是大約每三千個分子之中才有一個二氧化碳分子。只有藉著在液體上方的空間增加某一種氣體，才能減少那種氣體從液體逸出。汽水中所能溶解的二氧化碳的量取決於二氧化碳分子與液體表面發生了多少次碰撞。如果打進去的是二氧化碳，那就是另一回事，但事實上，我們打進去的卻是大部分由氮與氧所組成的空氣。

　　總之，記得蓋緊蓋子而且保持冷藏。更重要的是，當瓶子在冰箱外面時蓋子要蓋得更緊，因為溫度較高，那可是二氧化碳逸出的大好機會。所以，倒出你想喝的，然後馬上蓋上蓋子，接著立即放回冰箱。

　　但是別期望太高，雖然能夠減緩二氧化碳的逸散，卻無法杜絕它。

　　噢，對了！不管做什麼，絕對不要搖晃瓶子，那只會加速氣體的逸散（頁43）。

知識補給站

為什麼溫熱的啤酒也會走氣？

因為液體低溫時溶解的氣體比高溫時多。化學家或許會說，氣體在液體內的溶解度隨溫度的降低而增高（化學家就是這種調調）。

實際上，為什麼二氧化碳因為啤酒變溫了就選擇要離開它？從日常經驗來看，我們會預期當液體溫度升高時它應該能溶解更多，而不是更少，在熱茶裡所能溶解的糖會比在冰茶裡多，不是嗎？那麼氣體為什麼不同？

答案在於「熱」在溶解過程中所扮演的角色，而這可能是很複雜的。

當一種物質溶在水中時，它的分子會相互分離並且散布到水中各處。這取決於被溶的是什麼物質，而且也可能同時發生其他變化。例如，分子可能附著在一小團緊密的水分子上，或者與水起化學反應，或者分裂成帶電的碎塊，或是做一些令人無法想像的恐怖事情。

這些過程全都消耗或者放出熱能。所以熱在溶解不同物質時扮演密切而且變化多端的角色。總之，某些物質會熱切地吸收熱水裡額外的熱並利用它溶得更多，而某些物質與額外的熱則會發生負面反應，因而溶得更少。換句話說，

某些物質在熱水裡比在冷水裡更易溶解，但某些則在熱水裡比在冷水裡更不易溶解。即使是化學家也無法預測某一物質會怎樣做。

不過，在氣體的例子裡，我們可以全面地説：當氣體溶解在水裡時，它們全都放出熱能。你可以説（而且我將會説）溶解的氣體不喜歡熱，它們會設法除掉熱。所以，它們更容易溶在像冷水那樣低溫、吸熱的環境，而且它們不易溶於像熱水那樣高溫、熱能豐富的環境。

趣味小實驗

擺放一杯冰水幾小時，隨著它溫度的升高，你會看見杯壁上形成氣泡。空氣溶解在冰水裡，但是較高溫的水無法保有那麼多空氣，所以水也像啤酒一樣——走氣了。

拿橡膠去加熱，結果會膨脹還是收縮？

人人知道物體加溫時會膨脹，這個時候有人想跟我打賭：有一種家庭常見的物質在加溫時會收縮。請問，我該賭嗎？

不賭，你不打這個賭是對的。那個常見的物質是橡膠——被拉長的橡膠。

大部分東西受熱膨脹的原因很單純：因為較高的溫度會使原子與分子移動較快（頁311），於是它們需要較大的空間、更大的平均間隔，而這將會使整個物質占去更多空間。

但是橡膠因為它奇異的分子形狀，所以可能產生不同的行為。它們像是罐子裡的蚯蚓——細長、彎曲的鏈狀，全都纏成混亂的一團（意指你沒有拉扯橡膠前）。但當你拉扯它時，長鏈會被拉得比較直，因而被迫沿著拉伸方向排列。

對於橡膠分子而言，這是很有張力且不自然的狀態，因為你必須出力拉伸它們，就像拉長一個彈簧一樣，一旦鬆手，橡膠分子便恢復緊緻、扭曲的形式，而整塊橡膠便恢復原狀。

那和熱的效應有什麼關係？如果你在橡膠分子被拉伸時加熱，熱對分子產生的刺激將使它們向內拉扯兩

端，這可能縮短長度（盤起來的蛇顯得比較短）。於是，橡膠盡可能恢復最緊緻的狀態——它會縮短。

趣味小實驗

在至少有 0.25 英寸寬的橡皮筋上橫切一刀，使其成為條狀（記住，用褐色而不是彩色的橡皮筋，因為彩色的通常不是天然橡膠）。接著在切成條狀的橡皮筋一端綁上重物，另一端則釘在木架上，讓重物自然下墜（該重量須能適度拉長橡皮筋）。現在用吹風機加熱橡皮筋，再仔細觀察，你將會看見橡皮筋收縮而重物被稍微拉高。

Tips　橡膠受熱時會收縮。記住，那是被拉長的橡膠。沒有被拉長的橡膠受熱之後會膨脹，就像其他任何東西一樣（頁 50）。

保溫瓶為什麼保熱又保冰？

為什麼同一個保溫瓶似乎能隨我們意思將燙的東西保持燙，或將冷的東西保持冷？

要解決這個問題，你只需把熱想成一種液體，而且它只從高溫「順著斜坡」流向低溫。保溫瓶的作用像是阻斷熱流的水壩，它不讓熱從裡面的熱咖啡「順著斜坡」流到外面較低溫的空氣；相同的，它也不讓熱從外面的空氣「順著斜坡」流到裡面較低溫的冰茶。

另一個說法是，保溫瓶的瓶壁具備有效的熱絕緣體，此種絕緣體是由可以遲滯熱流的一種或者多種物質所組成。我們最常利用絕緣體來避免熱從我們溫暖的身體或室內流到外面或寒冷的戶外，例如：雪衣、睡袋以及木板牆。我們的冰箱也有絕緣的功效，為的是避免熱流進去。所以絕緣體在這兩個方面都有效。

雖然熱確實從一處流到另一處，但它顯然不是液體。它有三種方式移動：傳導、對流與輻射，讓我們一項一項討論，看保溫瓶怎麼擋住這三者。

把較冷的物體緊挨著高溫物體放置，你當然知道會發生什麼事：較熱的物體將一部分熱傳給較冷的物體，所以冷的變溫，而熱的變涼。有一些熱從較熱的物體轉移，或者傳導到較涼的物體。

但是熱究竟是什麼？其實，它是物體分子的運動（頁 311）。分子運動愈有勁時，物體就愈熱。所以當你將較熱的物體（具有迅速運動的分子）緊密接觸較涼的物體（具有緩慢運動的分子）時，某些較快的分子會碰撞較慢的分子，轉移一些能量給較慢的分子，使它們加快增溫。這就是所謂的傳導——分子對分子直接傳遞能量。

當你觸摸燙的煎鍋把手時，皮膚分子因為與煎鍋較快的分子碰撞而加快運動。而當觸摸冰塊時，皮膚分子則因為與冰塊的分子碰撞而失去一些速度。

保溫瓶壁能夠阻礙傳導，原因在於它的雙層壁之間什麼也沒有，呈現真空狀態。真空裡沒有分子可供碰撞，熱就無法經由它傳導。

對流是藉著一團含熱氣體或液體實際移動，而將熱從一處轉移到另一處的過程。你可曾聽說過熱會上升？他們真正的意思是熱空氣會上升，所以空氣內的「熱」隨之上升，而這就叫做「對流」。市面上的「對流烤箱」就是在內部裝了風扇以幫助熱空氣流動的烤箱，而這種情況下產生的對流就叫做「強迫對流」。

保溫瓶因為是封閉的，所以會阻礙對流，使熱空氣無法鑽過它的瓶壁。事實上，任何封閉的容器都會阻止對流。

最後，熱可以用紅外線輻射的形式從一處輻射到另一處（頁 290）。溫暖的物體都會放出紅外線，紅外線飛越空間而且會被有色物體吸收，將能量轉移給物體並

且使之升溫。

　　保溫瓶藉著鏡面反射而阻礙紅外線輻射。保溫瓶的雙層瓶壁在內面（真空那一面）鍍銀，使得想從任何一邊透入的紅外線都被反射回它的來源。

　　如果你認為輻射不是熱傳遞的嚴重因素，那麼想一想該如何在烤箱下方烤牛排？熱固然隨著對流向上走，但是有許多也藉著輻射向下（以及各方向）走。

　　當然，沒有保溫瓶是完美的。總是有一些熱傳導或輻射離開你的熱咖啡，或進入你的冰茶。但是保溫瓶大量減慢熱輸送的過程，於是你的食物或飲料就可以保持熱或冷好幾個小時，而不是僅僅幾分鐘。

　　順便提到，「Thermos」（熱水瓶）這個字（它是希臘文的「熱」）在 1904 年是商標名稱，但它因為常常被廣泛使用，所以現在成為了真空容器的通稱。不過，還是有一家製造商用它做品牌名稱。

知識補給站

為什麼 Styrofoam 是良好的絕緣體？

與已經成為通稱的「Thermos」不同，「Styrofoam」仍然在掙扎保留其商標身分；不過似乎無人注意這件事，大家還是把所有的聚苯乙烯產品都叫做「Styrofoam」。

這種材料成為良好絕緣體的原因是：塑膠泡棉裡含有數十億個氣泡。氣體阻礙熱傳導的原因是它們的分子距離很遠，所以很難與其他分子發生碰撞以送出或者接受能量。氣泡之間的聚苯乙烯塑膠也是良好的絕緣物，因為它的分子大到無法輕易四處移動。

餐館用來裝外帶食物的「Styro」——我是說，聚苯乙烯——盒子理應在回家的路上保持食物溫度。但是，食物沒有真正保持燙，反之或許恰好保持在適合細菌生長的溫度。然後，當你到家，把整盒食物放進冰箱當第二天的午餐，但是泡棉絕緣可能繼續保持最佳腐敗溫度大約一小時之久。放進冰箱前，最好把食物轉到無絕緣的容器。

汽水一開瓶，竟然瞬間結冰！有可能嗎？

我從冰箱拿出一罐汽水，當我打開它的一瞬間，它結冰了。出了什麼事？

　　汽水只要還在冰箱裡就不會結冰，因為冰箱裡的溫度高於汽水的凝固點。但是當我們拉開瓶蓋時，就同時做了兩件事：降低罐裡的壓力及釋出一些氣體。這兩個效應各有不同原因，而且有助於液體凍結。

　　每一種液體都有某一個會凍結的溫度，我們稱之為凝固點。純水的凝固點是華氏 32 度（攝氏 0 度）；不純的水（意指含有任何溶解物的水），其凝固點比純水更低（頁 124）。而水裡能溶解的東西愈多，其凝固點就愈低。

　　汽水當然有許多東西溶在裡面：糖、調味劑，尤其還有二氧化碳氣體，所以它要在遠低於華氏 32 度的狀況下才會凝固。當我們開罐時，液體會失去某些逃逸到空氣的二氧化碳氣體。因為溶解物變少了，液體的凝固點瞬間比它在冰箱中的時候升高，於是它開始凝固。

　　因開罐使得壓力降低在此還產生了另一個效應：因為冰所占的體積比液態水大（頁 269），所以如果你壓縮冰塊，它通常會轉變成體積較小的液態，因此冰會熔化。在罐子裡的高壓狀態下，冰受到壓力而存留在液

態。但是壓力一旦降低，液態水得以膨脹成比較占體積的形式——冰。當然，除非失去氣體的汽水其溫度已低於凝固點，否則上述的狀況將不會發生。

這好像還不夠，還有第三個效應。當我們開罐時，被壓縮的二氧化碳氣體得以膨脹，氣體膨脹時會導致溫度降低（頁 179），這個額外的冷卻有助於汽水結冰。

調低冰箱的冷度——那就等於調高溫度——或者等汽水稍微升溫再開罐，你可以等。

冬天睡水床為什麼特別冷？

為什麼水床必須有加熱器？在灌水之後幾天，難道水不會變得與屋子裡包括床鋪在內的其他東西一樣溫暖嗎？

　　水床裡的水確實會達到與屋裡其他東西，包括傳統床鋪相同的溫度。但是你仍然感覺水床比較冷。原因是水從你身體傳走熱能的效率高於其他物質，例如傳統的床墊。

　　熱就是物質分子的運動（頁311）。各種物質能以不同的效率傳遞這種運動，我們稱之為傳熱。傳熱最好的方式是傳導（直接從分子傳給下一個分子、再下一個等等），為了做到這回事，相鄰的分子必須接近到可觸及的範圍。

　　水的分子緊密到幾乎快碰在一起，所以運動較快的（較熱的）分子可以輕易將一些能量傳給相鄰的較冷分子。於是，熱能（意指你的體熱）有效率地進入水裡，除非有電熱器補充熱能，否則你會感到很冷。

　　床墊因為含有空氣，所以是比水差得多的導熱物。空氣裡的分子相距很遠，互相之間的空間很多（頁204）。由於它們很少撞上其他分子，所以不常發生熱運動的轉移而且熱傳導得很慢。在正常的床墊上，你散

發體熱的速率比床墊傳走的更快，可以保持溫暖。想要真的很冷嗎？試試睡在金屬板上。金屬是極佳的導熱物，因為它們的原子被電子「膠水」黏得很緊密。

趣味 小 實驗

解凍兩盒已經冰凍的草莓，一盒放在華氏 75 度附近的空氣裡，另一盒浸在一碗大約華氏 65 度的自來水裡。雖然水比空氣涼，但草莓在水裡解凍較快，因為水能更有效傳熱給盒子，也就是消除寒冷。

Tips　冰凍草莓可以在華氏 65 度解凍得比華氏 75 度快。

香菸煙霧的顏色會由藍變白嗎？

聽說在歐洲中世紀的黑暗時代，當人們吸菸時，香菸燃燒所冒出的煙是藍色的，但若是給注定倒楣的人吸進肺裡再吐出的話，煙就變成白色。我可以知道肺大概發生什麼事，但煙霧也發生了什麼事嗎？

焦油與尼古丁不是藍色的，所以別理那個想法。事實上所發生的事情是：煙霧分子的大小改變了。

從靜靜燃燒的香菸而冒出的煙霧分子極小，比可見光的波長還小。當路過的光線碰上這些微小粒子時，粒子小到無法像牆壁反彈手球般地反彈光線；反之，光線只是稍微偏離路徑幾度而繼續前進，而這就是「散射」。波長愈短愈接近煙霧分子大小的光（可見光譜靠近藍色這端），偏離原來的路徑愈多。

當我們從來自背後或者旁邊的主要光源觀看煙霧，許多藍光因為沒有直線前進而偏向我們，所以散射在房裡的藍光比其他顏色的光更多。因此，我們眼睛收到大量散射的藍光而使煙霧看起來是藍色的。

當有人吸進煙霧時，煙霧粒子因為沒機會完全燃燒所以變得比較大。被吸進後，許多分子被困在肺裡，從此再也看不見它們，除非解剖遺體。

那些到了肺部後再度被呼出的分子則會附包上一層

濕氣，這進一步增大它們的尺寸。粒子現在比任何顏色光的波長都大，因此它們不散射任何光線。它們與任何較大的物體一樣，一視同仁反射所有顏色光回到它們的來源。由於煙霧不顯示任何特定顏色，所以看起來是白色的。

知識補給站

為什麼天空是藍色的？

天空與香菸煙霧同是藍色的原因一樣，都是：藍光優先散射。

純空氣是無色的，意思是所有的可見光波長（顏色）透過空氣時不會被吸收。但實際上空氣內含許多分子以及比可見光波長小的懸浮灰塵微粒，因此造成可見光的散射。就像香菸煙霧粒子的情形一樣，藍光散射多過於其他直接透過空氣但不受太多影響的色光。

當我們抬頭看天空時，我們應該看到的是所有波長（不同顏色）的光線。當然，此光線源自於太陽。但因藍光優先散射的緣故，我們的眼睛會收到大量散射的藍光，因此天空看起來是藍色的。

知識補給站

為什麼日出與日落的光線看來更多彩？

在日出與日落時分，太陽低懸在天空，因此我們是透過較厚的大氣層距離才看見太陽（頁 196）。在經過那些距離時，許多向著我們散射的藍光又被散射到其他方向，所以直線抵達我們的光線缺乏藍色。

缺乏藍色的陽光看起來所呈現的紅、橙或是黃色的結果，取決於當時空氣裡粒子的大小以及它們散射的顏色。如果那抹煞了浪漫氣息，就當我什麼也沒說。

趣味小實驗

你也可以製造屬於自己的落日哦！在一杯清水裡加入幾滴牛乳，然後透過杯子觀看燈泡。燈泡看起來會是紅、橙或黃色的，因為懸浮在牛乳裡的微小酪蛋白粒子與微小奶油球散射，所以抵達你的燈光更缺少藍色。事實上，你究竟看見哪些顏色取決於水中粒子的大小與濃度。

問題
12

開香檳前一定要先搖一搖嗎？

我們若先搖晃汽水或啤酒，為什麼開罐時就會噴出泡沫？另外，開香檳非得這麼一塌糊塗嗎？畢竟，當香檳澆熄蠟燭時，情調也必然沒了。

你可能已經猜到，訣竅在於好好冷藏而且至少在開瓶前幾小時避免搖晃（知道原因總是好的）。

啤酒、汽水、香檳全都是因二氧化碳而產生刺舌口感。這些飲料的二氧化碳是裝瓶時加進去的，而真正的香檳則是裝瓶後才產生二氧化碳。刺舌口感就是從液體跑到空氣的二氧化碳氣泡。當這件事在我們舌頭上溫和發生時，我們便得到那種愉悅的口感，但當它發生太快時，我們就要擦地板了。

有多少二氧化碳能夠平靜地溶解在液體中，這取決於液面上方的空間裡有多少二氧化碳，因為愈多的二氧化碳分子在此空間裡來回碰撞，就有愈多會撞上液面而且溶解。

在密封的瓶子裡，液體上方的空間充滿了二氧化碳與空氣，此外，這些氣體被壓得很緊，壓力可能高達每平方英寸 60 磅或者每平方公分 4.2 公斤（汽車車胎裡的氣壓大約只有這個的一半）。所以來自裝瓶廠的汽水有許多二氧化碳溶在裡面。

　　不論我們的動作如何輕緩，當瓶子打開時，高壓的二氧化碳仍會先逸散，液面上只剩下正常的空氣。在正常空氣中，大約每三千個分子才有一個是二氧化碳，於是溶解的二氧化碳幾乎全都必須設法離開液體。唯一的問題是：多快？答案是：這通常是很慢的過程。

　　氣體分子也不能從液體深處一次一個離開。它們必須找到某種聚集點——某個獨特的會合地點——才能聚攏並形成集團（氣泡）。這些氣泡大到足夠向上闖關開路並離開液體。科學家稱這些聚集點為「核心」。

　　液體均質性（homogeneity）的任何斷裂處——即使是微小的塵粒——都可以當做形成氣泡的核心。玻璃表面上微小的刮痕也可以，因為它們在倒出飲料時會困陷微小氣泡，而且這些氣泡會召來更多氣體分子的加入。二氧化碳分子聚集在所有核心（聚集點）而且增長成氣泡，當氣泡大到它的浮力足夠推開液體向上前進時就會升起。

　　這些和搖晃瓶子有什麼關係？當我們搖晃瓶子時，會把液面上方的一些氣體捲進液體中，形成微小氣泡，而這些微小氣泡是進一步增長成氣泡的最佳核心。液體裡的二氧化碳分子黏上這些新氣泡並增長成愈來愈大的氣泡，轉瞬間就會有一大團泡沫像氣槍發射的彈丸一般，被膨脹的氣體壓力噴出瓶嘴。

　　如果打開不夠冷的啤酒、汽水或香檳，你可能會遭遇同樣的問題，但或許沒那麼嚴重。二氧化碳在較溫的液體內會被溶解得比較少（頁26），所以衝出來的氣

體比液體冰涼時更多，如果你又狠狠搖晃瓶子——那實在可怕到無法想像。

知識補給站

為什麼香檳與啤酒的氣泡上升方式不同？

為什麼香檳中的小氣泡會成串向上升起，而啤酒中的氣泡則是四處湧出？理由有好幾個，但全都和社交沾不上邊：

- 香檳可能是倒進高而窄的香檳杯，它的底部沒有很多面積可形成氣泡。此外，這種窄杯子的內部比較不會刮傷，因為 (1) 刷子比較不容易進入，還有 (2) 它們可能不像啤酒杯那樣常用。較少的刮痕意味著較少的核心，那又意味著較少與較小的氣泡。我們會看見氣泡只從少數幾個特定的核心化地點升起。

- 香檳比啤酒清澈。真正的香檳（標籤上有「正宗香檳製法」〔 méthode champenoise 〕）與廉價發泡酒的不同，在於謹慎地冷卻、沉澱與排渣。在這個程序中，裝了軟木塞的酒瓶長時期瓶口向下傾斜放置且定時翻轉；然後冷凍瓶頸，凍結的沉澱物與軟木一同射出。而液體裡的浮懸物變少，再一次意味著形成氣泡的核心較少。

- 香檳裡的二氧化碳是在長達數月或者數年的熟化過程中，由添加的酵母或糖在上了軟木塞的瓶子裡形成的。在這段漫長的時間裡，酵母不只是像它們在啤酒與其他葡萄酒裡一樣死亡，它們的蛋白質更分解成許許多多的小片段，我們稱之為肽。每個肽分子的一端是鹼，這可以抓住酸性的二氧化碳分子，將它困在溶液裡。

香檳不僅能夠比其他飲料容納更多二氧化碳，它在開瓶後
也更不甘願放棄二氧化碳。於是，細串的貴族式氣泡，有
秩序地、一個接一個，從核心化發生的地點向上升起。

如果你塞緊塞子後冷藏，一瓶良好的香檳在隔天早上仍然
充滿氣泡。如果你真的很想慶祝，就算遲一天都來得及。

趣味小實驗

用小刀尖端刮啤酒或香檳杯內部，你會看見新的氣泡從新
的核心化地點升起。

問題
13

銀湯匙真的比不鏽鋼的好用嗎？

在朋友家裡吃晚餐時，我用茶匙來攪拌咖啡使茶匙變得很燙（似乎比咖啡還燙），在家裡卻從來不會這樣，為什麼？

　　恭喜你！你的朋友還真看重你，所以拿出他們用法定白銀製造的上好餐具。而你的家用「銀器」不是不鏽鋼的，就是（很抱歉）僅僅鍍銀的金屬材料而已。

　　法定白銀幾乎是純銀：確切地說是 92.5% 純銀。銀是所有金屬之中最優良的熱導體。只要找得到通路，熱總是會從高溫之處流向低溫之處（頁 32）；換言之，銀可說是極佳的導熱高速公路。茶匙會把咖啡的熱傳導到較低溫的室內，或者在你碰它時傳到你的手指。

　　在做為那些傳熱的通路時，茶匙本身也變熱了（即使你認為可能更熱），它大約與咖啡溫度相同（我不建議將手指伸進咖啡裡來證明這件事）。

　　不鏽鋼傳熱速率不到銀的五分之一。你在家裡或許從來沒有讓日常用茶匙放在咖啡裡夠久，所以不會讓把手這一端也變得很燙。即使有，它也不會把吸收的熱快速傳進你的手指，使你覺得不舒服。

做冰淇淋為什麼要用到鹽？

在製作冰淇淋的過程中，我們使用冰與鹽的混合物來產生超低溫。然而鹽如何使冰比一般的冰水混合物更冷？

　　冰水混合物的正常溫度是華氏 32 度（攝氏 0 度），但那不足以使冰淇淋凍結，必須是華氏 27 度（攝氏零下 3 度）或更低才行。而鹽就是使其發生作用的東西。雖然還有很多其他化學物也做得到，不過鹽很便宜。

　　當冰與鹽混合時，會形成少量鹽水，然後冰也會自然地溶進鹽水裡並且造成更多鹽水。那就和你把鹽撒在結冰的人行道或車道上時會發生的事一般，固態的冰與固態的鹽變成液態的鹽水（頁 129）。

　　冰塊裡面的水分子被固定在確定的、僵硬的幾何排列中（頁 270）。這個僵硬的排列在鹽的侵襲之下崩潰，於是水分子能夠以液態形式自由流動。

　　但是拆解冰分子的固態結構需要能量，就像需要能量以拆掉一棟建築物般（頁 161）。對於只接觸鹽與水的一塊冰而言，除了鹽水的熱容量（heat capacity）之外，能量無處可來。所以當冰塊崩解溶化時，它向鹽水借來能量並且使鹽水降溫。鹽水混合物再藉著從冰淇淋材料取得熱量補償——這正是你希望它做的事。

趣味小實驗

在兩個相同的杯子裡放進等量的碎冰渣，接著再倒進適量的水使冰恰好浮起。接著，將大量的鹽加進其中一杯，而且稍微向下混進冰裡。幾分鐘後，用烘烤肉類的專用溫度計去量溫度（天知道為什麼，但是很多牌子的刻度達到零下）。你將會發現加鹽的冰比普通的冰更冷，你甚至可以從加鹽的杯子外面刮下一些霜。

淋浴時，為什麼水總是忽冷忽熱？

真令人憤怒！每當我洗手，或更糟──淋浴時，都必須仔細調節冷、熱水以獲得恰好的溫度。而正當我感覺舒適時，水溫必定降低，於是我得從頭再來一次。這有沒有科學的，而且不是恐慌性精神分裂症的解答？

　　有的，而且很簡單。這是因為：熱使東西膨脹。在壓縮式水龍頭裡（大部分都是），水流經過人造橡膠墊片與金屬「底座」之間的狹窄缺口。在熱水龍頭裡，流過的熱水使墊片膨脹，於是縮小了墊片與底座之間的缺口，進而局限水流。既然熱水比當初選擇的少，混合水溫就降低了。

　　你有幾件事可以做：

1. 用外面複合纖維與裡面橡膠的「夾心式」取代水龍頭裡的人造橡膠墊片。纖維的熱脹冷縮不像橡膠那麼大。

2. 不要太節省熱水。如果水龍頭開大一點，因為膨脹造成的局限甚至不會引起注意。當然，為了得到想要的溫度，你也必須把冷水龍頭開大一點。

3. 當熱水開始流出後，讓熱水多流幾秒鐘，以便預熱水龍頭裡的零件。當你調節水溫時，零件的膨

脹已經發生過了。

4. 洗冷水澡。

或者，改變生活步調，要求同住的人在你洗澡同時沖馬桶。你會得到你所想要的一切熱量，而且很快。

為什麼用力甩體溫計
才能讓水銀下降？

體溫計裡的水銀似乎往上爬沒困難；它時常比我想
要的更高，而且還停在那裡。但如果希望它降下
來，就必須用力甩動體溫計。如果水銀這麼容易上
升，為什麼自己不會下來？

　　如果你仔細觀察，會看見水銀上下的毛細管裡有狹
窄的縮小處。水銀上升的途中有許多力量克服阻力以通
過縮小處（膨脹中液體的壓力很大。舉例來說，當水結
冰膨脹時，其壓力足以撐破鐵管與混凝土牆壁。頁
271）。

　　當你從口中拿出體溫計時，水銀球的溫度下降，水
銀柱卻不會向下回流；它會停在最高點。球裡的水銀當
然在收縮，但它不會把整個水銀柱拉下來；因為水銀原
子之間的吸引力太弱，所以無法承受夠強的下拉力（如
果吸引力增強太多，水銀就成了固體而不是液體）。

　　水銀柱不但沒被拉回球裡，反而在縮小處斷開，就
像棉線在最細的地方斷裂。下半段的水銀繼續縮回球
裡，與困在縮小處上方的水銀（就像與列車其他部分分
離的幾節車廂）之間形成一個空間（事實上，那指的就
是真空）。

　　當你甩動體溫計時，甩動的路線會呈現圓弧曲線。

離心力將水銀朝外拋向圓周邊緣，也就是向下進入球
裡，於是克服縮小處的摩擦力。

電池為什麼沒電了？

現今幾乎每一樣東西都得靠電池。電池裡面是什麼？必然是某種形式的電。但是在我們想要某種小玩意兒動個不停之前，電為什麼會一直留在裡面？

電池裡面不含真正的電，它們只是藉由化學反應產生電能。這些化學物在電池裡是隔絕的，並不會發生反應；除非我們連接到器材上再撥動開關，它們才會反應，然後產生電。

從化學物中取得能量並不新奇。藉著燃燒，我們從木材、煤與石油（全都是化學物）中取得熱能——其實都是讓它們與空氣中的氧氣產生反應。但有些氧化反應所產生的能量，會以電能而非熱能的形式呈現。

化學家把它們叫做氧化還原反應。這種反應很常見，例如：使用漂白劑的時候，在洗衣機裡就會發生氧化還原反應（頁 58）。我們看不見電，因為它在發生反應的化學物內部。電一邊被某些原子產生，一邊迅即被其他原子吸收；電池只是一種巧妙的器材讓我們控制化學反應，以便在我們需要電的時候汲取電能。但首先，讓我們看看什麼是電？

電流是指電子從一處流向另一處。但是電子又從何而來？電子到處都有，它們是一切原子的外圍部分。所以如果我們要電子從一處移動到另一處，就必須讓電子

離開 A 原子而且跳到 B 原子，就像跳蚤從一隻狗身上跳到另一隻一樣。不過，為了讓這種事發生，A 原子必須願意放棄它的電子，而 B 原子也必須願意接受電子。

不同類的原子具有不同的電子親和力。有些原子只要一有機會就會丟掉一、兩個電子，有些原子卻會緊抓它們的電子甚至企圖捕獲更多電子。當第一類原子（A原子）碰上第二類原子（B 原子），它們可以藉著轉移一、兩個 A 的電子給 B 而達成互惠交易。簡言之，那就是氧化還原反應所發生的事。

從微觀尺度來看，這種從一個原子轉移電子給另一個原子的遊戲，就構成電流。從我們人類尺度觀點的問題來看，如果我們試圖混合幾千兆個 A 類原子與幾千兆個 B 類原子以得到可用數量的電，那麼原子之間轉移電子的情況會非常混亂，因 A 找到 B 將發生在各方向，而這對我們絕對沒有實際用處。

我們需要電子從位在某處的一大群 A 原子經過一條我們提供的單行道，或者電路，轉移到另一群位在另一處的 B 原子。然後在它們急著從 A 到 B 的時候，那些電子必須奮力通過我們的電路，沿途為我們做功——從點亮手電筒燈泡到使一隻粉紅色的小兔子一邊四處亂逛一邊敲鼓。

那麼，為了製造電池，我們先造一個包括許多 A 原子與 B 原子的小小包裹。但我們通常使用濕紙使它們互相隔開。在我們接通電路之前它們無法進行電子轉移，而接通電路後（就是裝上電池，然後撥動開關），

再使電子從 A 原子經過我們的小電器流到 B 原子。

不同類的 A 原子與 B 原子可以造出不同類的電池。最常見的是鎂、鋅、鉛、鋰、汞、鎳與鎘。在常見的 AAA（與我們所說的 A 原子無關）、AA、三與四號電池裡（以前有過二號電池，但現在已不使用了），鋅與鎂分別是 A 原子與 B 原子，由鋅原子交出電子，再由鎂原子接收電子。

電池的電壓（這個例子是 1.5 伏特），可以衡量鋅原子交出電子給鎂原子的力量有多強。不同組合的交出者與接收者會造成不同電壓的電池，因為它們交出電子與接收電子的熱烈程度不同。

當所有的交出者把它們的那一份電子都交給接收者時，電池就沒電了，而且，老天，兔子不動了。

不過，鎳鎘電池與汽車裡的鉛酸電池是可以重新充電的。我們藉著強迫接收者把電子送回交出者，逆轉電子的轉移過程，轉移遊戲就可以重新開始。不過不幸的是，電池每充電一次，它的內部就受到一些損壞，所以即使是可充電電池也不能永久使用。

知識補給站

一旦電池把電子送進用電的器材裡，電子便會流過器材而回到電池嗎？

不完全是。在電池裡面，電子確實像跳躍的跳蚤一般在原子之間轉移。但電子不是用那種方式流過一條電線或者複雜的電路。電子並不是從電線一端進入，從一個原子跳到下一個，然後從另一端出來。

讓我們假設電池的電壓從左到右推動電子流過電線。真正發生的事是每一個電子推擠它右邊的鄰居，因為它們都帶負電，而且同性的電相斥，便把鄰居擠向再下一個右邊的鄰居，它又擠它的鄰居，一直擠下去。

等到推擠的波浪傳到電線另一端時（那比電子通過原子叢林的障礙賽跑達到另一端要快得多），其效果恰好像是電線終點的電子就是當初在電線起點的電子。反正，誰能辨認不同的電子呢？甚至電子也不能。

漂白劑為什麼能洗清髒汙卻保留白色？

洗衣漂白劑如何區別白色與其他顏色？它顯然能夠挑出人類不喜歡的汙漬（不論它的化學成分是什麼），而且把它變成白色。漂白劑如何知道我們要它做什麼？

漂白劑根本不認識白色。它認識的是顏色，因為從化學與物理的角度而言，顏色比我們人類洗衣服的偏好更基本。漂白劑攻擊有顏色的化合物，（這些化合物大部分確實有共同之處）然後留下我們認為是「白色」的無色狀態。

因為我們曾在學校學過，所有顏色都出現時會呈現「白色」，所以在我因為稱呼白色是無色而被痛批前，讓我先解釋一下。

太陽的光線 —— 人眼看得見與看不見的一切顏色 —— 確實包含彩虹裡所有的顏色。當所有的顏色在陽光裡混合時，人類特有的視覺認為這種光沒有特定的顏色，我們稱其為「白色光」。

但那是只有光的時候。當我們觀察被那種光照明的物體時，我們看見什麼？如果物體一視同仁反射陽光裡所有的顏色到我們眼睛，那麼反射光對於我們仍舊沒有特定顏色 —— 它仍然是白色的。我們說那個物體「本

身」是白的，因為我們只能藉著送進我們眼睛的光來判斷它。

　　不過，如果這個物體有特別偏好，例如說：藍光，而且它吸收或保留一些藍光，再把其他的反射給我們，那麼我們看見的光就缺乏藍色。我們的眼睛會認為缺乏藍色的光是黃的，於是我們就說那個物體是黃色的。

　　如果「這個物體」剛好是我們本來白色（無色）T恤上的汙漬，那麼汙漬對於我們就是黃的，而且我們把它交給老實可靠的漂白劑去消除它。若汙漬恰好吸收其他特定顏色的光，對我們顯出其他非白色的顏色時，我們也做相同的事。

　　那麼，當漂白劑除去顏色時，它究竟對什麼起了作用？它對於那些偏好吸收任何一種特定顏色光線的分子起作用。問題就變成，漂白劑如何能夠只進攻吸收光線的分子？

　　當一種物質吸收光能時，進行吸收的是分子裡的電子。電子藉著吸收能量而將自己提升到分子之內較高的能量位階。許多物質的分子是有色的，因為它們一開始就有能量位階較低的電子，而這些電子急著要吸收光能。漂白劑分子所做的事是吞噬這些低能階電子，使它們不再能夠參與吸收光線；於是，分子喪失了顯色的能力（行話：吞噬電子的東西叫做氧化劑，而漂白劑則氧化那些有色物質）。

　　通常用來洗衣服的電子吞噬者是次氯酸鈉，漂白水只是水裡面溶有 5.25% 那種化合物。粉狀的漂白劑通

常是過硼酸鈉，這種比較溫和的電子吞噬者不會破壞大部分的染料（染料只不過是故意使用的、不易脫落的、會吸收光線的「汙漬」）。

　　還有一種受歡迎的電子吞噬者叫過氧化氫，是用來漂白人類毛髮與皮膚裡的黑色素。在製造金髮美女時會廣泛使用到它。

第 2 章

為什麼蛋
愈煮愈硬？

關於廚房與烹調的 18 個科學謎題

我們日常生活中沒有一個地方像廚房一樣能發生那麼多奇妙神祕的事。我們在廚房混合、加熱、冷卻、冷凍、解凍，還有偶然燒焦各種動物、植物、礦物材料，所使用的器材會使鍊金術士的蒸餾器與大鐵鍋相形見絀。莎士比亞不是純粹出於意外才在《馬克白》一劇中挑選「火與鐵鍋裡的氣泡」做為女巫最基本的神祕法術。在這些常見的動作表面下，發生著一些超乎尋常的轉變（通常鍊金術士只能空想這一類的轉變，但我們現在能夠用最簡單的詞句來解釋它們，因為我們知道分子的存在）。你是否認為自己已經知道在一鍋水（或者一鐵鍋水）沸騰時發生了什麼事？首先，讓我們先仔細觀察鍋的內部，再看看是什麼東西使它作怪……或冒泡。

有　　趣　　的　　謎　　題

1. 爐火愈大，義大利麵能愈快煮熟嗎？
2. 煮開水，為什麼要蓋上鍋蓋？
3. 沸水中加鹽，水溫會升高？
4. 為什麼有些菜用細火慢燉特別好吃？
5. 為什麼焦糖的味道特別誘人？
6. 為什麼蛋愈煮愈硬，馬鈴薯愈煮愈軟？
7. 魚有紅色的血，為何魚肉不算紅肉？
8. 如何用奶油煎煮食物而不起油煙？
9. 小蘇打和發粉都算化學添加物嗎？
10. 為什麼沒辦法用高溫熔化鹽？
11. 微波爐是靠分子摩擦加熱嗎？
12. 什麼是猶太粗鹽？鹽也有異教徒嗎？
13. 天然海鹽真的比較美味及營養嗎？
14. 現磨的胡椒比較香，那鹽呢？
15. 兩杯糖可以溶於一杯水嗎？
16. 不沾鍋為什麼不沾？
17. 為什麼可以用糖或鹽保存食物？
18. 菠菜的鐵質可能多到被磁鐵吸住嗎？

爐火愈大，義大利麵能愈快煮熟嗎？

我總是在很忙的時候煮開水，所以把火力開到最大。但是當水開始沸騰時，我必須把火力調低以免水濺出；但我又希望水能盡可能地熱，以便快速烹煮食物。有沒有什麼方法能使水更熱，而且不需要事後擦地板呢？

抱歉，就算你使用的是火燄噴射器，只要水一開始沸騰，就不會變得更熱。不論你讓水沸騰得多激烈，它也不會比水的沸點熱——華氏 212 度（攝氏 100 度）上下（請參考頁 279 有關「上下」的小爭論）。

讓我們仔細觀察當我們將水一路煮到沸騰時，水裡會發生的事。剛開始煮水時，它的溫度會上升（因為水分子吸收了熱能，所以動得愈來愈快）。後來，有些水分子能量充足，多到足以脫離原本附著的夥伴。高能量的分子甚至可能擠開夥伴並在液體內形成空間——氣泡；氣泡隨後上升，並且在水面破裂成一團水氣（一種氣體）。在這團氣體離開水面稍遠，並且冷卻凝結成名為「水蒸氣」的微小水滴前，我們還看不見這些氣體。

我們把整個複雜的過程叫做「沸騰」。歸根究柢：水吸收了加進去的熱，而且利用它從液體變成氣體。

液態水轉變成氣態水會消耗能量，因為需要能量使

分子互相掙脫。如果分子不靠在一起，水就不會是液體；它將永遠是氣體，是各自獨立飛行的疏散分子。每一種液體都有自己的分子吸引力，因此各自有掙脫所需的能量，也因此有自己的沸點──達到華氏 212 度（攝氏 100 度）的溫度才能使水分子互相掙脫。

　　現在讓我們加強火力。每秒鐘，我們自火燄中加進愈多熱能，就有愈多水分子獲得足夠能量脫離，並且以氣體狀態噴出。水會沸騰得更激烈，而且更快燒乾。

　　但是那些多加的熱不會使水溫升高，因為一個分子除了脫離時所需的能量外，多獲得的能量就會隨著分子飛走。只要分子一獲得多於掙脫時所需的能量，它就會比平常更快速離開。多加的能量與高溫（頁 311）都在水蒸氣裡而不是留在鍋中的水裡。在水燒乾前，它的溫度都一樣──停在水的沸點。

　　火開得再大也不會更快煮熟義大利麵。節省一些能量吧。

趣味小實驗

在溫和沸騰與激烈沸騰時，你可以試著將有探針的烤肉專用溫度計分別放在水鍋上方的蒸氣裡及水裡，並檢查一下。你會發現兩種沸騰的水溫相同，但是水激烈沸騰的水蒸氣會比較熱。

Tips 不論鍋底下的火多熱，鍋裡的水不會更熱。

煮開水，為什麼要蓋上鍋蓋？

我曾經注意到，燒水時，有蓋鍋蓋的水比沒蓋的更快沸騰。假定鍋蓋會留住一些本來會失去的熱量，但那是什麼熱？在水沒有沸騰前，沒有水蒸氣可損失，不是嗎？

　　沒有水蒸氣，但是有水氣。早在我們看見微小水滴形成的水蒸氣前，就已經產生許多不可見的高溫氣體──互不聯繫的水分子以氣體形態存在。

　　不論在何處，水面上方的空氣一定有一些水氣（你應該聽說過「濕度」這回事）。那是因為總是有一些在水面上的分子，其運動速度快到足夠掙脫夥伴飛走。當水溫愈高，產生的水氣便會愈多，因為愈來愈多的分子運動得夠快（或夠熱）並足以逃脫。所以當火爐幫水加溫時，水面上方空氣的水氣分子便會增加。

　　隨著溫度增高而出現的水氣分子其能量也逐漸增高，不要失去它們就成了重要的事。鍋蓋可以關住閘門使大部分水氣分子不能逃逸，而且把它們與它們具有的熱能絲毫無損地送回鍋裡。於是，水會更快達到沸點。

　　當然，除非你盯著水鍋看。

問題
3

沸水中加鹽，水溫會升高？

如果在沸水裡加鹽，水會更熱？聽起來不太可能，但如果真是這樣，那麼額外的熱是從哪裡來的呢？

　　這很奇怪，但卻是真的。只要鹽一溶解，水確實會在較高的溫度沸騰。

　　1 夸特的水每加 1 英兩的鹽（1 公升的水加 29 公克的鹽），沸點溫度大約會增加華氏 0.9 度（攝氏 0.5 度）。這沒什麼大不了，但總算是增加了。不過，因為溫度增加效應如此小，煮義大利麵時若在水裡加鹽，並不會明顯地更快煮熟。我們加鹽通常是為了味道，但有些人說這樣做的話，麵條口感比較好。

趣味小實驗

淺鍋的水沸騰時，用烤肉專用溫度計測試 1 夸特的水溫。然後加入 6 英兩的鹽（大約半杯）到水裡並且攪拌溶解。待鹽完全溶解而且水恢復沸騰後，沸點溫度將會比之前大約升高華氏 5 度。

　　造成較高溫度的「額外的熱」明顯不可能來自於所加的鹽。由於火爐發出的熱遠多於水沸騰所真正需要的

（你在爐子周圍都感覺得到，不是嗎？），所以如果水想要升高沸點溫度的話，熱的來源並不構成問題。但真正的問題是，水為什麼要這樣做？

　　當液體的分子獲得足夠能量互相掙脫並且飛進空氣裡時，液體就會沸騰。當鹽（氯化鈉）在水裡溶解時，它分裂成帶電的鈉顆粒與氯顆粒（行話：鈉離子與氯離子）。這些帶電的顆粒會做兩件事。

　　首先，它們使水分子更擁擠，並妨礙它們闖關脫離液體及飛走的能力。水分子就像是「企圖擠開突然出現的人潮以便下車」的乘客；它們需要的是多推幾下，也就是更多能量以便逃逸。因此需要較高的沸騰溫度。

　　帶電的鈉顆粒與氯顆粒所做的第二件事是：它們就像穿著臃腫的濕外套四處遊走般，在自己周圍聚集一群水分子。帶電顆粒會吸引水分子是因為水分子本身也帶電：一端稍帶正電，然而另一端稍帶負電（頁91）（行話：水分子具有極性）。水分子的正電端受到負電的氯離子吸引，然而負電端受到正電的鈉離子吸引。

　　因為這些聚集的結果，鈉與氯顆粒實質上使許多水分子退出循環賽。這些聚集的水分子如果要沸騰飛走，它們必須掙脫鈉與氯（掙脫濕外套）。但是那比沒有鹽──也就是單純掙脫其他水分子的時候更困難，因此需要較高的沸騰溫度。

　　不過，鹽並沒有獨特之處。在水裡溶解任何東西（不論是糖、酒或雞精，隨你高興），就算不產生相同的聚集效應，也會得到相同的阻礙效應。所以不要只是

因為在學校學到純水的數字，就說雞湯在華氏 212 度（攝氏 100 度）沸騰。因為湯裡溶解了一堆東西，所以沸點會稍微高一點。

　　總之，只有水的條件剛好時，才會在華氏 212 度或者攝氏 100 度沸騰。如果在水裡加入許多糖，說不定會發生更奇怪的事。

為什麼有些菜用細火慢燉特別好吃？

為什麼食譜總是警告我們在燉東西時要用文火慢燉，而不是要讓它們大火沸騰？究竟有什麼不同？「燉」難道不是緩慢的沸騰嗎？

　　不完全是。燉與沸騰的差別比冒泡泡的強度更加基本。燉的目標是造成比真正沸騰略低的溫度，而烹煮溫度的差別會使效果大大不同。

　　在以大量的水烹煮食物時——相對燒烤而言，可用的溫度範圍很窄，所以要獲得適當的溫度並不容易。

　　烹煮本身就是一連串複雜的化學反應，而溫度以兩種方式影響一切的化學變化：它會決定發生哪些特定的反應，也會決定反應該多快。人人都知道溫度對烹煮速率的一般效應：當溫度愈高時，煮得愈快。但是，即使烹煮溫度稍微變化，也會使食物發生不同的事，原因是食物可能發生不同的化學反應。

　　在用水烹煮肉類時，溫度的問題尤其重要。肉類在不同的溫度經歷不同的軟化、硬化與乾燥反應（即使是泡在汁裡）。例如：完全沸騰的溫度促進硬化過程，但是稍低的慢燉溫度促進軟化。長久的經驗已經教我們哪一種方法最適合哪一道菜，所以不要亂改食譜推薦的烹飪方法是聰明的。

真正的沸騰（像是煮義大利麵一樣冒許多氣泡）不變地指出一個特定的溫度：水的沸點。這為我們烹煮水的溫度設定上限，原因是不論我們如何努力煮沸它，水也不會超過沸騰溫度（頁 64）。在水面破裂的那些氣泡很清楚地告訴我們，食物正在大約華氏 212 度（攝氏 100 度）烹煮，溫度視狀況而稍微不同（頁 67、頁 276、頁 279）。

由於有許多合乎需要的烹煮反應是發生在較低的溫度。低多少？視食物而定。烹煮唯一重要的溫度下限是殺死大部分細菌所需的溫度：大約華氏 180 度（攝氏 82 度）。問題是我們怎麼在需要的時候可靠達成所需的下限？我們沒有氣泡之類的跡象可供觀察，而且不能隨時把溫度計伸進鍋裡。

當食譜作者想告訴我們某種食物應該在略低於真正沸騰溫度烹煮時，他們使用燉、文火燉、緩慢沸騰、文火煮、燜煮等字眼。然後他們一陣語焉不詳，試圖描述那些字應該是什麼意思（而且他們失敗得很慘）。到專業烹調技術的書裡找「燉」的定義，你會被告知它意味著從華氏 135 度（祝你好運！因為沙門氏菌要到華氏 140 度或者 150 度才被殺死）一直到華氏 210 度的任何溫度；也就是攝氏 57 到 99 度。

試圖指定標準的「燉煮溫度」畢竟是件傻事，因為對火爐上的鍋子來說，它的溫度各點不同而且會隨時間有著大幅度的變化。影響食物溫度的幾個因素如下：鍋的大小、形狀、厚度、鍋的材料、有沒有加蓋（如果

有，蓋得多緊）、熱源的穩定度、鍋與爐之間的接觸、鍋裡食物與液體的量，還有食物本身的特性。

只有一種辦法可以達成適當的燉煮：別理溫度，反之專注於燉物的狀況。仔細調整鍋、蓋及火爐，使氣泡只會偶然達到表面。那意味著鍋裡的平均溫度大概低於沸點，而這就是你想要的。偶然在不同地方出現的熱點會把氣泡送到表面，正好讓你知道溫度不是太低。記住，真正的沸騰是幾乎所有的氣泡都抵達表面。如果溫度稍低於正常沸點，氣泡可能在鍋底形成，但在上升到表面之前消失。這就是適當的燉煮會發生的事。

那麼文火煮和燜煮是什麼呢？文火煮是燉的另一個說法，通常用在魚或者雞蛋。燜煮是將食物，通常是雞蛋，放進沸水後立即關掉爐火；溫度隨著水的冷卻而穩定下降，所以平均溫度是最不慍不火的。結果就是一顆被徹底寵愛、過度放縱、讓人處處受遷就的雞蛋。

問題
5

為什麼焦糖的味道特別誘人？

為什麼糖漿煮得愈久就愈熱，但是水卻不會？還是，水也可以嗎？

　　你也曾做過糖果，不是嗎？

　　糖果食譜要你把糖漿煮到糖果溫度計上的某個溫度：軟糖級大約是華氏 237 度（攝氏 114 度）、硬糖級大約是華氏 305 度（攝氏 152 度）等等（不同的食譜書給的各級溫度稍有不同）。當煮得愈久，糖漿會變得愈濃而且溫度愈高。但是，你煮純水再久，它永遠也不會變得更熱（頁 64）。

　　在那個冒泡泡的糖水（糖漿）裡明顯進行著某些與沸騰的水不同的事。每當水裡溶解了某種東西（幾乎是任何東西，包括糖），沸點就會上升。所以任何水與糖的溶液會以比普通水更高的溫度沸騰。溶液的濃度愈大，或者換個說法，水裡含有愈多被溶解的東西，沸騰溫度就愈高（頁 67）。

　　例如，「兩杯糖溶在一杯水裡」的溶液（是的，這是可能的。頁 103）要到華氏 217 度而不是 212 度才開始沸騰（攝氏 103 度而不是 100 度）。但隨著我們繼續加熱，許多水分子會成為水氣而跑掉，於是糖水溶液的濃度愈來愈高，並形成愈來愈高的糖對水比例。溶液變

得愈濃，它的沸點就變得愈高，所以我們煮得愈久，它就變得愈熱。因為這個原因，糖果食譜可以用溫度做為糖漿有多濃的指標，而且指出冷卻後有多硬或多黏。

如果糖漿煮得夠久，最終所有的水都會跑掉，於是鍋裡只剩下熔化的糖，溫度大約是華氏 365 度（攝氏185 度）。大約在此同時，它會開始「焦化」──這是以文雅的方式來稱呼「糖分子被摧毀並成為一大批複雜的其他化學物」；這批化學物的成分雖然嚇死人，但是擁有最誘人的味道。當顏色由黃轉褐，這代表著較大碳分子的數量增加，而這也是糖分解的最終產物。但是如果加熱過久，你會得到焦黑的一團──仍有甜味但完全不能吃的焦炭。

問題
6

為什麼蛋愈煮愈硬，馬鈴薯愈煮愈軟？

蛋煮得愈久，就變得愈硬；馬鈴薯煮得愈久，它就變得更軟。熱對於食物為什麼有如此不同的效應？

　　簡單的回答是：烹煮使蛋白質變硬，卻使碳水化合物變軟。我們這裡不談肉類，原因是肉類的軟或硬是以很複雜的方式決定，舉例來說，動物的肌肉結構（頁78）、來自動物的什麼部位，以及究竟是如何烹調的。比方說，在烹調時，肉類可能先變軟再變硬。然而，蛋與馬鈴薯可以用熱對蛋白質與碳水化合物不同的效應來解釋。

　　首先，我們仔細觀察蛋。蛋的成分頗不尋常，這正符合它在生命中的獨特功能。如果我們扔掉雞蛋的殼，並且除去它內部的水，乾燥的剩餘物大約是一半蛋白質一半脂肪，而且幾乎沒有碳水化合物。乾燥的蛋黃70% 是脂肪，而乾燥的蛋白則有 85% 是蛋白質。你知道熱不會大量改變脂肪的構成，所以讓我們專注於蛋白裡的蛋白質。而且你也知道我們說明這件事之時不會不提到分子在做什麼，對嗎？

　　蛋白裡的白蛋白（不是繞口令，蛋白裡面含有的蛋白質叫做白蛋白）是由長條狀、捲成像是鬆鬆的毛線球般的分子所構成。當受熱時，這些球會先部分解開，然

後在不同地方互相黏接，並形成混亂的糾結（行話：分子形成交鏈）。當一種物質的分子從一堆鬆散的球變成一團混亂物時，這種物質會明顯地失去流動性。它也會變得不透明，因為光線也穿不透它。

　　液態的蛋白加熱到大約華氏 150 度（攝氏 65 度）以上，就會凝聚成較堅實、白色、不透明的膠狀。加熱溫度愈高、愈久，就會有愈多蛋白質解開並相互點焊在一起。蛋煮得愈久，就變得愈硬；蛋會從稀糊狀的軟煮到橡膠般的硬，再煮到廉價餐館皮革般的「十分熟」特餐。此外，因高溫所發生的乾燥也會增加硬化程度。

　　在蛋黃裡的蛋白質以很相似的方式凝聚，但是卻在達到較高的溫度時才發生上述的狀況。還有，蛋黃豐富的脂肪就像小團蛋白質之間的潤滑劑，所以它們不會焊得那麼緊。於是蛋即使煮很久，蛋黃也不會像蛋白般變得那麼硬。

　　現在談馬鈴薯以及其他含有許多碳水化合物的食物。澱粉與糖很容易烹煮，它們甚至會溶解在熱水中而加速烹煮過程。而當你在烤馬鈴薯時，便有些澱粉溶解在水蒸氣裡。

　　事實上，所有的水果與蔬菜都有一種很強韌且難溶於水的碳水化合物──纖維素。植物的細胞壁是由纖維構成的，而這些纖維是由果膠與其他水溶性碳水化合物的黏著劑聚集纖維素而來。就是這個結構使包心菜、胡蘿蔔與芹菜（還有馬鈴薯）變得既硬且脆，但是只要對這些硬漢加熱，它們就成了軟腳蝦。果膠黏接劑溶解在

加熱釋出的液體裡，僵硬的纖維素結構受到顯著的削
弱，結果就是煮過的蔬菜比生菜軟。

魚有紅色的血，為何魚肉不算紅肉？

為什麼魚肉通常是白的，而其他肉類卻大部分是紅的？魚類也有血，不是嗎？魚肉為什麼比其他肉類更快被煮熟？

　　這可不是因為魚類一生都泡在水裡。魚肉因為幾個原因而不同於大部分走獸、爬蟲與飛禽的肉。

　　首先，在水裡巡游不能真的算是鍛鍊肌肉的運動，至少和奔馳越過原野以及振翼飛過空中相比是如此。所以魚類肌肉發展不如其他動物。例如大象僅僅為了克服引力就必須大費力氣，所以牠們高度發展的肌肉極為堅硬，正如你必定知道的，這種肉必須燉很久才會變軟。

　　但更重要的是，魚類擁有與陸地動物基本上不同種類的肌肉組織。為了迅速躲開敵人，魚類需要快速、高爆發力的移動，而不是大部分其他動物奔跑所需的長距離耐力。所以魚類肌肉大部分是由快速收縮纖維所構成（肌肉通常是由一束束的纖維構成）。快速收縮纖維比大部分陸地動物所擁有的大型慢速收縮纖維更短且薄，因此更容易被咀嚼所撕裂，或者被烹調的熱力化學分解。魚肉甚至軟到可以生吃，例如生魚片，但是生牛肉必須先絞碎，才能讓我們的雜食臼齒咬得動它。

　　魚肉比其他肉類柔軟的另一個大原因是：牠們基本

上是在無重力的環境裡活動（頁 250），因此牠們不需要聯繫組織（軟骨、肌腱、韌帶等等）。其他動物需要聯繫組織來支撐身體各部位，並且將各部位附著在骨架上。所以魚肉幾乎是純肌肉，完全沒有必須久煮才會軟化的東西。

這些原因使得魚肉非常柔軟，以至於主要的問題是避免煮得太久。魚肉只應該煮到蛋白質變成凝聚而且不透明，很像是蛋白裡的蛋白質發生的事即可（頁 75）。如果煮得太久，魚肉和蛋都會變得既硬且乾。

魚肉為什麼是白的？魚類沒有很多血液，這是確定的，牠們有的那一點血主要集中在鰓裡。但是任何飛禽走獸的肉上桌的時候，絕大部分的血也沒了。所以答案是在魚類不一樣的肌肉活動上。因為牠們的快速收縮纖維只做短促的動作，所以不需要儲存氧氣以供持續力。氧氣是存在一種叫做肌球素的紅色化合物裡，它暴露於空氣或熱時會變成褐色。因此，使紅肉發紅的是肌球素而不是血液（頁 169）。

如何用奶油煎煮食物而不起油煙？

當我使奶油透明化時會發生什麼事？我為何非要這樣做？

　　你這樣做是為了消除所有的東西，除了（好吃的）純飽和脂肪。

　　有些人把奶油想成包裹著罪惡的一團脂肪。不論是不是罪惡，它不完全是脂肪。它包含三大部分的固化乳膠——油性與水性成分的穩定混合物，以及一些固形物。當你使奶油透明化時，你分離出脂肪並且拋掉其他所有的東西。你的目標是能夠在高於平常的溫度裡煎東西，並且不會燒焦或冒煙（因為水會拉低溫度，而固形物確實容易燒焦與冒煙）。

　　全脂奶油在淺鍋裡加熱時，會在華氏 250 度（攝氏 121 度）左右開始冒煙；它裡面的固體蛋白質會開始燒焦並變成褐色。減少這種事情發生的方法之一是加一點發煙溫度較高的烹飪油在鍋裡「保護」奶油。或者更好的做法是，使用透明化的奶油。奶油的油脂到了華氏 350 度（攝氏 177 度）左右才會冒煙，而且沒有固體物質可供燒焦。唯一的問題是，奶油的香味有許多是在你丟掉的酪蛋白與其他固形物裡面。

趣味小實驗

想使奶油透明化，只需要在最低可能的溫度緩緩熔解它即可（記住，它很容易燒焦）。油脂、水以及固形物會分開成為三層：最上層是酪蛋白泡沫，中間是油，最下層是水性的牛乳固形物。只要刮掉泡沫，將油倒進另一個容器。如果捨不得丟掉美味的酪蛋白，把它留給蔬菜調味吧！

　　奶油透明化的另一個原因是：細菌可能侵襲酪蛋白與牛乳固形物（但不侵襲純的油）。所以透明化奶油的儲存比全脂奶油久得多。印度人不需要冰箱就能夠長期儲存完全透明化的奶油（印度語叫做 ghee）。但是，它最終會變成酸臭，因為空氣會氧化它裡面的不飽和脂肪。但是酸臭只是一種酸味而不是細菌沾汙。西藏人就比較喜歡變酸的純化犛牛奶油。

知識補給站

「淬取奶油」是什麼？

在某些餐廳裡，「淬取奶油」（drawn butter）常與龍蝦或其他海產一起上來。什麼是「淬取奶油」？

「淬取奶油」是熔化的奶油，就這麼簡單。它或許經過一些純化（或者沒有），甚至可能是乳瑪琳，但它偶爾也會被稠化且調味。為什麼是「淬取」？就某種意義而言，將固態的奶油轉變成液態可以被想成是「淬取出來」。此外，這在菜單上看起來很炫。

小蘇打和發粉都算化學添加物嗎？

> 我的調味櫥裡有兩種白色粉狀化學物：小蘇打與發粉。我知道它們有不同用途，但是這些化學物究竟是什麼，而且有什麼作用？

簡短的回答是：小蘇打是單一的純化合物，而發粉則是混上其他一、兩種化合物的化合物（如果你非要知道不可，小蘇打是碳酸氫鈉或蘇打的碳酸化合物，發粉則是碳酸氫鈉加上一或兩種酸：酒石酸、酒石酸氫鉀、四氫磷酸鈣，以及「兩段式」發粉裡的硫化鋁鈉）。

食物裡加的化學物可真多呀！如果看到食物裡的蛋白質、碳水化合物、脂肪、維生素與礦物的化學式，可能再也不吃食物了。化學物就像牛仔：有戴黑帽子的，也有戴白帽子的 [1]，而且你必須聰明地選擇敵友。

到目前為止，即使最愛爭論的天然食品提倡者也沒有在那一小罐發粉的化合物裡找出任何可抱怨的東西。在上面的化學名稱裡，你可能認得鈉、鉀、鈣、磷、硫與鋁，這些全都是無害且是生命必需的（可能除了鋁之外）。還有那些化學物裡所有的碳原子、氧原子與氫原子，在遇到烤箱高熱時大部分會轉變成二氧化碳與水。

註 [1] 美國西部片中，戴黑帽的通常是壞人，而戴白帽的則是好人。

　　這一切的關鍵在於碳酸氫鈉裡的碳酸（鹽）。碳酸鹽碰上熱或酸就變成二氧化碳，而這也是我們在烘烤時使用碳酸鹽的原因：它們會藉著二氧化碳氣體使被烘烤的食品蓬鬆。英文中的 leaven 是來自拉丁文的 levere，意思是變輕或者升起來。

　　小蘇打便是藉著在麵團裡所產生的數以百萬微小氣泡而使食物被烘烤得蓬鬆。當含有氣泡的麵團在烤箱熱力之下硬化時，氣泡就被困住了。結果就是蓬鬆可口的蛋糕或者餅類，而不是一團又乾又硬的熟麵團。

　　小蘇打，或者說碳酸氫鈉，藉著與恰巧存在的酸性物質（諸如：醋、優酪乳或者酸乳等）反應而產生二氧化碳。它單獨時必須在華氏 518 度（攝氏 270 度）才會釋出二氧化碳。但另一方面，只要材料一混合，與酸性的反應立即開始。因此，即使是在爐子加熱前，你已經可以看見酸乳薄餅的麵糊出現氣泡。

趣味小實驗

把小蘇打粉放入杯中，再加一些醋進去，然後觀察它冒出許多二氧化碳氣泡泡沫。事實上，醋就是水裡溶了乙酸的溶液。

　　發粉是混合了乾燥酸性物的小蘇打，所以食譜裡不需要其他酸性物。發粉只要一沾到水，兩種化學物就會溶解並相互反應，然後產生二氧化碳。

發粉裡面的酸性物可以是許多種化合物，最常用的包括：四氫磷酸鈣（標籤上通常叫做磷酸鈣）、酒石酸與酒石酸氫鉀。為了避免這些成分過早在罐子裡「發作」，我們會混入許多澱粉以保持它們在攪拌碗裡溶解前仍能相互隔開。還有，這些成分必須被放在緊閉的容器內以避免接觸空氣裡的濕氣。

趣味小實驗

放一些發粉到水裡，然後觀察它是否冒出許多二氧化碳泡沫。如果沒有，那麼你的發粉已經因為沾上濕氣而在罐子裡緩緩的反應完畢並且失效了。把它丟掉，買一些新的。

在大部分情況下，我們不想要發粉在混合麵團或麵糊時就立即放出所有的二氧化碳（以免來不及硬化而無法困住氣泡）。所以我們造出「兩段式」發粉，意思是它在混合時只釋出一部分氣體，其他的在烤箱溫度夠高時才放出。兩段式發粉（現今大部分的發粉都是這種）

通常含有硫化鋁鈉，它被認為是高溫酸性物。

　　烘烤是件很複雜的事；發生的化學反應不僅僅蓬鬆而已。多年來，不同的食譜提出不一樣的最適用蓬鬆劑，包含薄餅、小圓餅到一百萬種麵包與蛋糕。靠著仔細的嘗試，我們已經找出最有利於放出氣泡的確切時間與溫度，所以拜託不要改變材料。諷刺的是，薄餅如果真的很薄，大概就沒有人會想吃了。

為什麼沒辦法用高溫熔化鹽？

為什麼我能熔化糖，但是熔不了鹽？

誰說不能熔化鹽？如果溫度夠高，任何固體都會熔化。岩漿是熔化的岩石，不是嗎？如果想要熔化鹽，只需要把烤箱溫度調高到華氏 1474 度（攝氏 801 度），但這會使你的廚房泛出美麗的紅光。另外，烤箱要到華氏 2700 度（攝氏 1480 度）才會熔化。

當然，你的意思是熔化糖比鹽容易得多——也就是在低得多的溫度熔化。糖只要在華氏 365 度（攝氏 185度）就會熔化。原因是什麼？這兩種常見的白色、碎粒狀廚房化學物有什麼大不同之處？它們都是純化合物，而且看來相似，但它們分屬兩個很不相同的化學國度。

已知的化合物超過一千一百萬種，而且各有各的獨特性質。為了努力弄懂這麼多的化合物而不至於完全發瘋（這個努力大部分是有效的），化學家開始把它們分成兩大類：有機物與無機物。

有機物是那些包含碳元素的化合物。它們大部分出現在活的生物或是像石油與煤之類曾經活過的生物裡。

無機物是有機物之外的每一種化合物。多數食物、藥品以及屬於生物的東西——包括糖——都是有機物，然而所有的岩石與礦物——包括鹽——都是無機物。

　　如果可以對有機物與無機物的物理性質做單獨且無所不包的廣義敘述，那就是：有機物較柔軟，而無機物則較堅硬。原因是構成有機物的分子是電性中和的一群原子，然而構成無機物的分子通常是離子——帶電的一群原子。相反電荷之間的吸引力遠大於中性分子間的吸引力（強度約為兩倍到二十倍）。因此，無機物遠比有機物難以拆散（使粒子分開）。你或許曾注意到砍岩石比砍樹難得多。

　　那麼物質熔化時會發生什麼事？它其實就像拆散一種物質。分子因為熱而開始大量四處運動，最後它們會分開，並且繞過其他分子流動；於是物質變成流動的液體。明顯的是，鬆散的有機物分子應該能夠在較低的溫度就開始流動，原因是它們不需要那麼強的激擾以拆解它們。所以有機物通常比無機物在更低的溫度熔化。

　　糖（蔗糖）是由中性分子構成的有機物典型；鹽（氯化鈉）則是典型的無機物，它由鈉離子與氯離子構成。那麼，糖遠比鹽容易熔化就應該不令人意外了。

　　和其他每一件事一樣，道理都在分子。

知識補給站

從固態熔成液態和從液態凝固成固態的溫度相同嗎？

如果每一種純化學物都有特定的溫度從固態熔成液態，那麼它有沒有特定的溫度從液態凝固成固態？

有的。事實上，這兩個溫度是相同的。

從液態凝固成固態的過程就是我們常説的「凍結」。當我們説水在華氏 32 度（攝氏 0 度）凍結，我們同樣可以説那是冰的熔點。它們相同的原因是：四處亂竄的液體分子必須減速到某一個能量，以便它們進入固態晶體裡永久、僵硬的位置；另一方面，它們必須被加熱到同樣數量的能量，以便掙脫它們僵硬的位置並開始液態流動。

所以，任何物質固態與液態間的熔化（凍結）都會涉及某一確定數量的能量。對純水而言，每公克的能量恰巧是 80 小卡。如果想熔化 1 公克的冰，就必須對它施加 80 小卡的熱；如果想凍結 1 公克的液態水，就必須抽走 80 小卡的熱。

為了與眾不同，化學家不把那個數量的熱叫做「熔化熱」或者「凍結熱」，他們把它叫做「熔解熱」。更糟的是，只要一種物質在室溫時是液態，而且我們必須冷卻後使它成為固態，人們就稱那個轉換的溫度是「凝固點」；然而如果物質在室溫時是固態，而且必須加熱再使它變成液態，人們就稱那個同樣的溫度是「熔點」。去抗議學術權威蛋頭吧。

知 識 補 給 站

一個卡路里不是一個卡路里？

卡路里是能量的數量。雖然能量以許多可以互換的形式存在，但人類最熟悉的是熱，一個卡路里通常被認為是某一數量的熱。

但究竟是多少熱？你去問化學家會得到一個答案，但是去問營養學家就會得到另一個答案，而且兩者不算接近——其中一個「卡路里」是另一個的一千倍。這就好像一個人的公里是另一個人的公尺；為了解讀高速公路路標，你必須知道是誰寫的路標。

沒有跡象顯示化學家與營養學家會相互認同，他們都太堅持己見，所以世人只好使用兩種大小的卡路里。

化學家的卡路里，我們可以叫做小卡，是將 1 公克的水升高攝氏 1 度時所需的熱量。但是那是很少的熱量，所以營養學家使用大卡：將 1 公斤的水升高攝氏 1 度時所需的熱量。於是 1 個大卡等於 1000 個小卡。

微波爐是靠分子摩擦加熱嗎？

> 我實在想知道，微波爐在嗡嗡叫的時候究竟在做些什麼。它真的從內部向外煮熟食物嗎？還有，好幾本烹飪書說微波爐使食物分子互相摩擦，而且這種摩擦使分子變熱。但是我不確定烹飪書是否是學習科學最好的地方。

你有很好的理由懷疑上述論點，因為以上兩個說法都會誤導人。

摩擦是什麼？當你使兩個物體的表面相互摩擦時，它們會做某種程度的抵抗滑動與滑行；你會施加某種力量（我們稱之為「肌肉能」）來克服這種抵抗，於是會產生熱。而微波爐所要做的則是使分子運動，一旦分子動起來，它們就發熱，沒別的可說。這之間不涉及摩擦——摩擦對分子究竟應該是什麼意思？要用什麼摩擦它？用棍子還是原子？

那麼從內部烹煮呢？那可不。讓我們拿出 300 磅牛絞肉所堆成的巨大牛肉餅，再把微波爐塞進牛肉餅中間，然後把電源線牽出來，插上電源，接著用掃帚柄壓下「開」的電鈕——這是我們唯一能使微波爐從食物裡面烹煮的辦法。

普通烤箱的熱量確實必須從食物的外面向內進入沿

途烹煮食物，這就是為什麼烤肉的中心通常會是最生的。熱必須藉著傳導來透入（高溫、高速運動的分子碰撞運動較慢的分子）。那會是很慢的過程，而且肉類與馬鈴薯是很差的導熱體。

微波也必須從外面進入，但是它們可以瞬間透入。它們與各種波長的光線還有無線電波一樣是電磁輻射（頁 290）。事實上，它們只不過是頻率很高的無線電波，以大約每秒二十億次的頻率振盪，其頻率大約是調頻廣播的二十倍。

微波能夠通過大部分物質而且完全不被吸收，除非恰好碰上的分子是某一個特定頻率的良好吸收物。這通常意味著它們能夠透入一塊食物 1 英寸或 2 英寸深（幾公分），沿途加熱烹煮（它們的路徑上有愈多吸收分子，效果就愈好）。

這些吸收微波的分子是什麼？水是最主要的一種，因為所有的食物都含有水，所有的食物都會多少吸收一些微波。脂肪也是很好的微波吸收物，碳水化合物與蛋白質則是很差的第三名與第四名。所以你的餐盒裡最濕潤與最多脂的地方會變得最熱；接著最熱的部分藉由傳導把熱分配到餐盒的其餘部分。那就是為什麼說明書時常告訴我們讓食物擺幾分鐘後才揭開蓋子，因為蓋子會讓水蒸氣與熱滾滾的脂肪把熱分配到其他部分。

水與脂肪的特殊之處在於它們能吸收微波能量。它們的分子具有化學家所說的極性：它們不是均勻帶電的。分子裡的電子在分子某一端遊晃的時間比在另一端

多，也因此分子在某一端稍帶負電而在另一端稍帶正電（也就是缺少負電）。

這使得它們的行為像是具有兩極的微小電磁鐵。當微波振盪的時候，微波的電場每秒鐘調轉方向二十億次；這些極性分子被迫每秒鐘與電場對齊，然後向後轉並且對齊相反的方向二十億次。這造成極為活躍運動的分子（也就是一些極高溫的分子）。當它們不斷調轉時，它們會撞到自己有極性或者無極性的鄰居，使它們也熱起來。

空氣（氮與氧）的分子與紙、玻璃、陶瓷及一切「微波安全」的塑膠分子都是電荷均勻的。它們沒有極性，所以不會調轉也不吸收微波能量。

不過，金屬就大不相同了。它們像鏡子一般反射微波（雷達波屬於微波，飛機與超速的汽車都會反射雷達波），而且保持微波在爐子裡來回反射使能量累積到危險（甚至使金屬發出火花）的地步。除了很小片的薄金屬箔，金屬是絕對不能進微波爐的。

噢，那些嗡嗡聲呢？那只是金屬風扇的葉片將微波均勻散射到整個爐子裡罷了。

問題
12

什麼是猶太粗鹽？鹽也有異教徒嗎？

為什麼有些食譜指名猶太粗鹽[2]？它與異教徒的鹽有什麼不同？

　　當然沒有必要指出鹽天生並無教派。雖然猶太粗鹽來自海水，而且在工廠被指明須符合嚴格的猶太教飲食律法，但是猶太教士的祝福對味道的影響不會大於基督教士對聖餐賦予的神聖性。

　　猶太粗鹽在化學成分上與其他鹽完全一樣。它是純氯化鈉，並且與所有供人類食用的鹽一樣，依照美國法律純度必須是 97.5%。它與世俗鹽唯一的實用差別在於鹽粒的大小與形狀，猶太粗鹽比較粗糙而且通常比較易於剝落。它的主要用處在於淨化猶太教徒的食物——以一層鹽塗滿畜肉或禽肉以淨化它。

　　不過，它也用在一些非儀式目的的用途，原因是它的顆粒較粗，而且這也是被指定取代普通調味鹽的唯一理由。對於那些宣稱猶太粗鹽與普通調味鹽味道不同的美食「專家」，我們真該禮貌地要求他們搗碎它。

註 [2] kosher salt，指依猶太教規定而生產的鹽。

趣味小實驗

觀察在放大鏡下的普通調味鹽。除非你曾好好地學過化學，不然你將會驚異地發現鹽粒的形狀是多麼地規則：它們其實是微小的立方體！你還會注意到它們大部分都不耐磨，因為它們銳利的邊緣已經在互相推擠時磨鈍了，有的甚至缺損嚴重到幾乎成為球形。但是你可以看出來它們起初都努力地想成為完美的立方體。

　　立方的形狀來自構成鹽顆粒的鈉原子與氯原子的幾何排列。箇中原因化學老師可以花半個學期去解釋（或者他們根本不解釋），我不會在這裡用這個來煩你；反正鈉原子與氯原子組成氯化鈉的時候，它們恰好把自己排成完美的正方形狀（這和它們的電荷以及它們的相對尺寸有關）。

　　當數不清的鈉原子與氯原子聚在一起形成大到可以看見的立體鹽晶體時，整個晶體的形狀將會反映每一個個體原子的正方形幾何排列。立方體只不過是三度空間

的正方形，不是嗎？

　　雖然普通調味鹽的立方體顆粒正適合從鹽罐的小孔
裡順利搖出來，猶太粗鹽卻必須更具附著力以在猶太潔
淨儀式時使用——將猶太鹽塗滿在肉類上。即使裡面每
一個原子仍然依照立方形排列，整個鹽粒卻具有比較不
規則的外形。它們的形狀是來自海水緩慢蒸發時在水面
上形成的鹽層。依照猶太律法，那被認定是比較自然的
過程。相對之下，大部分調味鹽是從鹽礦取出來，溶化
在水裡，然後使用煤或者煤氣熱力蒸發鹽水而獲得。

　　廚師通常偏好使用猶太粗鹽烹調，原因是比較容易
用手指撮取然後丟進鍋裡去，而且他們能感覺到究竟用
了多少鹽。不過，一旦它們溶解在食物裡，原先的形狀
與尺寸就顯得毫不重要了。

趣味小實驗

如果你觀察在放大鏡下的猶太粗鹽，你不會看見立方體，
因為晶體形狀不規則而且易於剝落。

天然海鹽真的比較美味及營養嗎？

依照我在美食雜誌上曾看到的說法，海鹽大大優於普通調味鹽的原因有：(a) 海鹽充滿營養的礦物質；(b) 海鹽沒有經過精製所以更天然；(c) 海鹽的味道更鮮明。我要如何確認這些說法？

(a) 瞎掰；(b) 瞎掰；(c) 瞎掰。

跟普通調味鹽比起來，在超級市場及健康食品店販售的海鹽並未含有更多的礦物質，其精製程度不會更少，而且味道也沒差別。但是你要付出四到二十倍的價錢買它。何況，它甚至根本不是來自海洋，原因是製造商不必標示來源，而且依照業界知情人士的說法，它確實有作假的嫌疑（至於猶太粗鹽的例子，有猶太教士在場監督使他們誠實）。

海鹽長期以來是天然食物流行者的最愛，他們似乎在接受最新的熱衷信念前並未要求絲毫證據。但是最近幾年，那些名聲卓著的烹飪書與美食雜誌卻像是撒胡椒一樣布滿了對海鹽的讚頌。當專業的食品評述人爬上重心不穩的花車時，就應該是停止花車遊行的時候了。我們現在看到的就是經典的「國王的新衣」的例子。如果承認自己分不出海鹽與普通鹽的差別，簡直就是招認自己的飲食品味不僅是冥頑不靈，更是政治不正確。

　　陸鹽，或者說岩鹽，是開採自幾百萬年前因氣候變化而使龐大的鹹水水域乾燥所形成的巨大地下礦藏。因此，一切的鹽都來自大海，不論是古代的海或者現代的海。但是現今的海鹽是不是比岩鹽含有更多的礦物質呢？如果你所說的海鹽是蒸發一桶海水中每一滴純水後所剩下的黏乎乎、灰色的固體，那麼海鹽確實比岩鹽含有更多礦物質。我們把這個粗糙的物質叫做粗鹽胚。

　　粗鹽胚大約只有 78% 是氯化鈉，也就是普通鹽；剩餘部分的 99% 是鎂與鈣的化合物。除此之外，至少還有七十五種含量微少的其他化學元素。例如，要獲得一粒葡萄含有的鐵質，你必須吃下四分之一磅的粗鹽胚（要吃 2 磅才能得到那顆葡萄裡的磷）。考慮到美國人平均每人每天吃半英兩的鹽，粗鹽胚的營養價值近似於沙土。

　　但是即使它真正來自大海，他們在健康食品店賣的那玩意兒甚至不能算是粗鹽胚。它與岩鹽一樣經過徹底的精製，原因是聯邦標準要求一切販售的食用鹽必須含有至少 97.5% 的氯化鈉。實際上，它通常接近 99%（有一個例外是從法國進口的一個海鹽品牌，它的礦物含量仍然遠低於粗鹽胚）。

　　在典型的海鹽工廠裡，陽光蒸發大部分海水，結晶產出的固體叫做日曬鹽。日曬鹽是由剩下叫做鹽滷的液體中分離出來。只要化合物從液體裡結晶出來，它幾乎將所有的雜質拋在身後（化學家利用結晶做為有意的純化過程）。剩下的鹽滷因此幾乎保留所有的鈣、鎂，以

及海鹽標籤喜歡標榜的其他「珍貴的礦物養分」。在日本，鹽滷通常輾轉跑到餐桌上成為日本人嗜吃的獨特苦味調味品，但是在美國它們不是被拋棄就是賣給化工業抽取礦物供各種用途。

這還沒完。海鹽經過清洗後，會移除更多的鈣與鎂，因為它們的氯化物比氯化鈉更容易溶於水。最後，對純淨性更加侮辱的是，海鹽可能會被加熱乾燥（你猜熱力是從哪兒來的？答案是燃燒煤或重油）。海鹽環保的純潔性真是太誇張了。

最後進了商店的產品只含有原先粗鹽胚十分之一的礦物質。要得到等於一顆葡萄的磷，你現在大約必須吃 20 磅這種東西。

然後，還有另一種不可動搖的信念，有人說海鹽富含碘質——「大海的香氣」。這更是瞎掰！某些海草確實含有很多碘，但只是因為它們從海水裡大量吸取碘，就像軟體動物吸取鈣來製造硬殼一樣。海草故事被大肆渲染到讓許多人相信海洋是一大鍋的碘。以相同重量來比較，即使奶油不像是碘的來源，但是它含有大約粗鹽胚二十四倍的碘。不論最初來自海洋或陸地，加碘的食用鹽大約含有粗鹽胚六十五倍的碘，這些碘是在工廠裡被特意添加的。

味道又是另一個童話故事。聽聽各種食物大師的說法：海鹽味道比普通食鹽更鹹、更鮮明、更高雅、更苦，而且比較少化學味（不論那是什麼意思）。這其中唯一的一丁點兒事實大概就是關於苦與鹹的說法。除此

之外，其他都是胡扯。

粗鹽胚裡鎂與鈣的氯化物確實是苦的。有些人因此被騙，以為在店裡買的海鹽也有苦味。它沒有，鎂與鈣的化合物根本沒抵達店裡（唯一的例外仍是那個進口的法國貨）。

不過，很奇怪的是，雖然所有的鹽幾乎都是純的氯化鈉，但它們的鹹度卻值得討論。那是因為不同的產品可能有不同的鹽粒形狀與大小，一切端視它們在精製過程中如何由鹽水結晶而定。形狀從立方體、金字塔型到不規則薄片。

最常見的岩鹽製食用鹽是微小的立方體，然而許多海鹽產品（但絕不是全部）傾向於片狀（頁 93）。因為薄片溶解得比較快，當你放一些在舌頭上時，它們可能更快使你感覺到一股鹹味。品嘗薄片狀海鹽與顆粒狀岩鹽的人可能把稍微較鹹的效果歸因於海洋而不是歸因於薄片形狀。

不論你怎樣小心地品嘗鹽，這些完全都是無意義的。因為人類不是把鹽直接放在舌頭上吃，人類是在烹調中或者是在餐桌上把鹽加進食物裡。在這兩種情況下，鹽一碰到濕的食物就立即溶解，於是任何可感知的形狀差異就消失了。不僅如此，當一茶匙的鹽倒進一鍋燉肉裡時，任何號稱的味道差別都會被沖淡到無法察覺的地步。

所以當你在烹調中或者在餐桌上用鹽調味時，使用哪一種鹽絕對不造成絲毫差別。下一次聽到專家大談海

鹽的好處時，你應該給它「加一粒鹽進去」[3]，最好是
加一粒普通的鹽，那便宜得多了。

註 [3] 英文成語，意謂「打個折扣，不要盡信」。

問題
14

現磨的胡椒比較香，那鹽呢？

我曾聽說，一家餐廳菜色的美味與它胡椒研磨器的大小成反比。就算是吧，那麼食鹽研磨器呢？我聽說有一家店提供（而且出售）食鹽研磨器，用來「磨出新鮮的鹽」。它有好處嗎？

有的，它對於研磨器的製造商有好處（好讓他們可以推銷給那些喜好終極虛假美食道具的雅痞人士）。對於我們其他的人，它只是個騙局。胡椒應該是新鮮研磨的，但是研磨食鹽除了運動之外沒達成任何事。

新鮮研磨的黑胡椒與白胡椒（它們是同一種植物的漿果，但經過不同的加工）確實比你買回來那些在罐子裡死氣沉沉的灰色粉末好得多。原因是胡椒裡主要產生味道的化學物相當活躍；當乾燥的漿果碎裂後，它們會逐漸散失到空氣裡。因此胡椒研磨器是廚房裡與餐桌上的絕對需要品，這些研磨器隨需要而釋出胡椒完全的味道與香氣。

我們因為鹽與胡椒是烹飪上永不分開的調味料，於是傾向認為它們是有關聯的，但其實鹽是完全不同的一回事。事實上，不管是現磨或是儲存在調味瓶架上，鹽的味道都一樣。畢竟，在你買到它之前，它已經在鹽礦裡躺了幾百萬年而絲毫沒有變化。

　　鹽，或者說氯化鈉，當然是礦物而不是植物產品。它是唯一可食用的岩石。它徹頭徹尾是由鈉原子與氯原子構成的，沒別的東西。一塊鹽在許多方面與一塊玻璃相似：把它裂開之後得到的只是增加幾塊，除了大小與形狀之外，各方面都相同。裡面沒有其他東西可供釋出，除了體積比以前更小之外，研磨不會改變任何事。你犯不著自己研磨就能買到已經磨成各種粗細顆粒的鹽，而且比他們故意加大賣給你研磨的鹽塊便宜十到二十倍。

知 識 補 給 站

撒鹽小瓶為什麼叫做「鹽窖」（saltcellar）？

這不是「鹽販」（saltseller）的誤稱，儘管它活像個要被賣掉的貨物一般等在桌上任人取用。這個詞兒裡的「窖」（cellar）是來自法文裡的「澆」（salière），指的是「撒鹽的器具」。因為「請把窖傳過來」只會令人不知所云，所以我們在英文裡面加上一個多餘的「鹽」字。

兩杯糖可以溶於一杯水嗎？

我的食譜說可以把兩杯糖溶在一杯水裡！但杯子裝不下吧？

為什麼不試一下？

趣味小實驗

在淺鍋放兩杯糖，然後倒一杯水進去（或者反過來），接著一邊攪拌一邊稍微加熱，那麼所有的糖都應該會溶化。

　　把 10 磅的東西裝在 5 磅容器裡的想法使許多世代的小男孩感到可笑。但把糖溶在一杯水裡與把糖塞進一個空杯子裡可是大不相同，其中的一個原因很簡單：糖分子可以擠進水分子之間的空位，所以它們沒有占用更多空間。

　　在比顯微鏡更小的層次來看，水並不是像一桶沙子般緊密堆積的分子。水由分子構成，而分子和分子間以氫鍵（hydrogen bonding）相連成開放的格子結構（openlatticework）；其開放的格子結構並非無方向地混亂堆疊，它們首尾相連形成糾纏的一串。開放式分子格子結構裡的空洞可以容納大量被溶解的粒子（不只是

糖，還有許多其他的）。這就是水為什麼是優良溶劑（能夠溶解許多東西的東西）的原因之一。

　　但是更有說服力的說法或許是：兩杯糖其實遠比表面看到得更少。糖分子比水分子大得多也重得多，所以1磅糖或一杯糖的分子數目比水少。還有，糖是顆粒狀而不是液態，杯裡的顆粒空間不如想像的緊密。令人驚奇的結果是，一杯糖的分子數目大約只有一杯水的二十五分之一，那意味著在「兩杯糖放在一杯水裡」的溶液裡，每十二個水分子才有一個糖分子。所以，這畢竟不是什麼大不了的事。

Tips　我們能夠在一杯水裡溶解兩杯糖，但不要用精製砂糖，它含有會黏成一團的澱粉。

問題
16

不沾鍋為什麼不沾？

不沾鍋為什麼不黏？有一種物質會排斥所有其他的
物質豈不是很奇怪？想想看，是什麼使某一種東西
黏（或者不黏）其他的東西？

除非有兩種不同物質（黏人者與被黏者），否則很
明顯地不會發生黏附。而且兩者的性質都必須包含某些
特定條件。但是可能會有不論被黏者是什麼都天生不黏
人的東西嗎？

這個不黏人的問題在 1938 年塵埃落定。杜邦公司
一位叫做羅伊・布朗克（Roy Plunkett）的工程師找出
了聚四氟乙烯（PTFE）的聚合法。這玩意兒被命名為
鐵弗龍，並成為杜邦公司的註冊商標。PTFE 是一種非
常不友善的化合物，它似乎拒絕與任何一種東西形成長
期的親密關係。

在以各種面貌出現於工業界之後（例如不需要滑油
的軸承），鐵弗龍在 1960 年代開始出現在廚房中。它
們成為可以輕鬆洗淨的煎鍋塗層，因為它們一開始就不
會弄髒，而食物也不會燒焦黏上去。在充滿脂肪恐懼症
的今日社會裡，不沾鍋的主要好處似乎在於可以用很少
的油煎東西。

不黏的主題現在以種種商標名稱出現，但它們全都
是以各種方式將 PTFE「鎖」在鍋子表面。這樣的做法

讓煎鍋與食物之間形成阻隔，你可以想像這不是一件容易的事。

　　一個物體黏上另一個物體時究竟發生了什麼事？有件事情是很清楚的：兩個物體之間必須具有某種吸引力，而黏的程度則是取決於那個吸引力有多強及能持續多久。黏膠是故意創造出來，盡可能與最多的物質形成強大、永久的吸引力。但是普通的黏附（例如棒棒糖黏在小孩身上或者蛋黏在煎鍋上）則是弱得多的吸引力，那通常只需要一點物理手段就能克服。

　　不過，如果不能靠著一些力氣除去黏附的東西，那就得訴諸化學了。例如：油漆稀釋劑（礦物酒精）通常能去除鞋底怎樣刮也刮不掉的口香糖。所以我們得到一個結論：物體互相黏附（或者解除黏附）主要是基於物理或者化學的原因。

　　蛋為什麼傾向於黏附在不鏽鋼或者鋁質煎鍋上？首先，除非金屬表面光亮得像鏡子，否則一定有微小的縫隙（更別提烹調造成的小刮痕與不太小的刮痕）可供凝結中的蛋白抓握上去；而這是物理黏附。我們使用油類以減少這種黏附。油類會填滿縫隙而且使蛋漂在裂隙之上的液體薄層。當然，任何液體都可以，但除非是大量使用，否則水在高溫煎鍋裡並不能持久發揮作用，這時會成了水煮蛋而不是煎蛋。

　　另一方面，不沾鍋的塗層表面在微觀尺度上是極為光滑的。因為它們幾乎毫無縫隙，所以沒有東西給食物抓握。當然有許多種塑膠都是如此，但是 PTFE 能夠承

受高溫。

物理式或機械式黏附就談到這裡，而化學式的黏附原因可能更重要。分子畢竟有相互形成吸引力的傾向，而那也是化學的全部重點。在煎鍋表面的原子或者分子可能與食物裡的某些分子形成某些種類的化學鍵。現在問題變成：鐵弗龍與其他品牌的塗層裡，究竟有什麼東西使塗層天生對於所有東西都不起反應？答案在於PTFE本身即為一種獨特的化合物。

PTFE是一種聚合物（一種含有大量同性質分子的物質），它的分子全都連在一起形成巨大的超級分子。PTFE的分子僅由兩種原子構成──碳與氟（每兩個碳原子搭配四個氟原子）。成千上萬的六原子分子結合在一起並且形成驚人的巨大分子。而一條條的碳原子長鏈密密麻麻地伸出許多氟原子，看起來如同巨大毛蟲背上的毛一般。

相對於其他原子，氟原子一旦安穩地與碳原子結合就不願再與任何東西起反應。PTFE密密麻麻的氟原子因此有效地成為一層甲冑，保護碳原子不受引誘且不與任何靠近的東西發生反應。即使靠近的東西為蛋、豬排與薄鬆餅裡的分子。

不僅那樣，PTFE甚至不讓大部分液體附著到足以使自己變濕的程度（在不沾鍋上滴些水或油試看看）。如果一種液體不能沾濕一個表面，溶解於液體裡的化學物（不論有多強）都不可能與表面起反應。結論是沒有化學物會與PTFE起反應。

那麼，你是否有察覺到一個問題？沒錯。最初要怎麼把 PTFE 弄到煎鍋上？廠商使用許多物理而不是化學的技術使煎鍋表面粗糙到足以讓 PTFE 塗層「鎖」上去。這些「粗糙化技術」就是各品牌不黏炊具間的主要差別。

知識補給站

使用不沾噴霧油可以低脂烹調食物嗎？

它們只是溶於酒精、裝在噴霧罐裡的烹飪油。與其做菜時隨意倒油，不如輕輕按一下，就可以噴入適量的油於鍋中。當酒精揮發後，油就塗覆在煎鍋表層，而你便可以在這層「不沾」的油上烹調。但它很薄，而且低卡路里。

一茶匙奶油或人造奶油大約含有 11 公克脂肪與 100 大卡，但噴霧油的標籤則號稱「每用一次僅僅含有 2 大卡」。「每次」的定義是噴射三分之一秒。根據他們奇怪的建議，這樣已足夠覆蓋 10 英寸圓鍋的三分之一。即使你的手指控制不如美國西部快槍手「比利小子」，或者你因注意風向而讓油覆滿整個鍋面，你也完全不必擔心吃入過多的油脂。順便一提，如果你是宰相肚裡能撐船的大肚體型，記得在你的不沾鍋上噴一點不沾噴霧油。這樣會比在完全不放油的狀況下把食物烹調成美味的金黃色。

為什麼可以用糖或鹽保存食物？

糖如何在製造果醬與蜜餞時保存食物與漿果？我們假設糖必定會殺菌，但是我們從沒把糖想成是殺菌劑。何況，如果糖對於細菌是致命的，它為什麼毫不傷害我們？

　　使用糖來保存食物並沒有絲毫獨特之處。原則上，你可以用鹽取代糖來製造草莓醬，而且至少可以保存得一樣久。事實上，它可以保存得更久，因為在淺嘗一點之後就沒有人會吃它了。不過，人類於數千年前就已經會用鹽保存魚與肉，而美味無比的燻鮭魚通常是用鹽與糖來製作的。

　　雖然糖與鹽能有效地殺死微生物，或者去除其活性以避免食物腐敗，但它們只有在濃度很高時才有效。你無法只靠著撒一點點這些常見的廚房化學物為食物殺菌。但如果你使用夠多的糖或鹽（使它們溶在食物的汁液裡並形成至少 20% 到 25% 的溶液），那麼大部分的細菌、酵母以及黴菌都不能生存。還有，它們不是死於糖尿病或者高血壓。

　　事情是這樣的：糖或鹽的溶液吸走這些微生物體內大部分的水（使它們脫水，以至於它們幾乎皺縮起來），於是這些微生物不是死掉就是停止活動。幾乎沒

有東西能無限期不靠水生存，而這些微小的單細胞生物也不例外。

鹽或糖的溶液為什麼能夠把水抽離物體？答案是靠著滲透，這個似乎萬用的字已經被人們濫用來描述任何原因不明的逸漏。

滲透其實只是一種特殊的逸漏。它是水透過薄膜的逸漏，而且只要薄膜兩邊的溶液濃度不同時就會發生。薄膜必須是半滲透性的，它必須讓水分子透過而且阻擋其他分子。在植物與動物體內分隔不同器官且薄如床單的薄膜都是半滲透性的。人體中——包括我們的紅血球與毛細管的薄壁——都是這樣的構造。

在滲透現象中，會出現從一種溶液到另一種溶液的單方向水分子淨移轉。就某種意義而言，薄膜好像是水分子的單行道，車流的方向取決於兩種溶液的相對濃度。水會從濃度較低的一邊流到濃度較高的一邊。讓我們瞧瞧萬惡的細菌在草莓上發生了什麼事。

一個細菌基本上是被一個果凍似的原形質團塊包在一個功能像半滲透膜的細胞壁裡。細菌的原形質由水以及溶解在水裡的各種東西（蛋白質與其他許多化學物）所組成。它們對細菌極為重要。

現在讓我們用含鹽或者含糖很多的水浸泡這些薄膜裡的小團塊。細胞外面的被溶解物質濃度突然高於內部，那意味著外面的溶液含有相對較少的自由移動水分子（因為它們遭到被溶解物質的阻礙）。

在可透水的薄膜兩邊存在不同濃度的自由水分子，

於是出現了所謂的不平衡狀態。大自然就是痛恨不平衡，而且只要它能夠，它總是試圖使事情達到平衡。在這個例子中，如果細胞裡的某些自由水分子能夠透過薄膜遷移到外面，一切就能恢復平衡。而且這正是目前所發生的事。

滲透的行為就好像是一種壓力強迫水從低濃度的這邊透過薄膜流到高濃度的那邊。科學家確實談到滲透壓這個詞，而且他們處理它的方式很像是處理氣壓。

對於那個無助的細菌而言，總結論就是水會被吸到它體外，此時它會迅速死亡。至少，它會被削弱到無法繁殖（親愛的，今晚不行，我脫水了）。不論哪一個情況，細菌對我們健康的威脅都消除了。

因為同樣原因，困在救生艇裡或者救生筏上的船難者不可以喝那些「水」。喝海水會使他們脫水而死。

當淡水魚被拋進海水裡時，也可能遭到類似的命運。滲透會把水從魚的細胞抽離進入較鹹的海水，於是魚就因脫水而死──對魚而言，真是諷刺式的死法。

菠菜的鐵質可能多到被磁鐵吸住嗎？

如果我有夠強的磁石，我能夠吸起菠菜嗎？

除非它是裝在鐵罐裡。廣受吹捧的菠菜鐵質根本不是會被磁石吸引的形式。

金屬狀態的鐵才是感磁的──會被磁石吸引（頁306），但是鐵與其他元素形成化合物時就不感磁。鋼製電冰箱門裡的鐵質會吸引一大堆形狀可笑的磁性小玩意兒，但是化合物形式的鐵，例如鐵鏽，是不感磁的。菠菜也是同樣的情況：菠菜裡的鐵（幸好）不是小片金屬的形式，它是根本不感磁的複雜化合物形式。

但是為什麼每當人們想到富含鐵的食物時就想到菠菜？主要的原因或許是大力水手那個不負責任的卡通人物，他六十多年來一直昭告世人一件事：美德、菠菜與愚蠢的綜合終究會獲勝。

其實，菠菜裡的鐵毫無獨特之處。許多綠色蔬菜與雜色的其他食物也含有頗多的鐵。諷刺的是，一個漢堡含有的鐵質與同重量的菠菜相同。那麼，菠菜為什麼使大力水手強壯，而漢堡使弱者更弱？

大力水手只是幫助美國母親要她們的小孩吃蔬菜──尤其是含有草酸而使大部分小孩覺得難吃極了的菠菜（試看看要小孩吃含有大量草酸、味道極差的大

黃）。如果爹地恰好不是渾身肌肉的角色模範（難道你不想長大像……一樣高大強壯嗎？），媽咪總可以用大力水手做無可爭辯的模範。

　　礦物養分就談到這裡。但是大力水手名聞遐邇的力氣是怎麼回事？他為什麼不猛吞好幾罐西洋南瓜或者蕪菁來代替菠菜？大力水手的創造者——漫畫家埃爾齊・西格（Elzie C. Segar）怎會挑上菠菜做為他的水手通往強壯的通行證？

　　這又是因為那個傳奇式的鐵。血液鐵質不夠的人通常蒼白且體弱；貧血這個形容詞已經變成衰弱與沒力氣的代名詞。而那不正意味著你吃更多的鐵質而不再貧血就會使你更強壯嗎！但是卡通人物打從什麼時候開始理會邏輯了？

第 **3** 章

鴿子飛起來，
車子會變輕嗎？

關於汽車的 12 個科學謎題

你眼睜睜地看著愛車生鏽，無法發動，車胎也扁了；或是剛剛才在結冰的車道上打滑，撞上粗樹枝，搗碎了防碎玻璃。了解這些事件背後的科學原理會使你感覺好過一點嗎？好吧，或許等你平靜下來才會。讓我們來檢視一下因愛戀內燃機而產生的迷人現象吧。

有 趣 的 謎 題

1. 電池怕冷嗎？
2. 擋風玻璃被撞擊時為什麼會變成小碎片？
3. 有沒有可以徹底防止生鏽的辦法？
4. 汽車抗凍劑有用嗎？
5. 將細砂撒在結冰路面能防止汽車打滑嗎？
6. 為什麼下雪天要在馬路上撒鹽？
7. 為什麼鴨子游泳不會打濕羽毛？
8. 油為什麼可以潤滑？
9. 用打氣筒幫汽車輪胎打氣為何會這麼累？
10. 為何用打氣筒打氣，打氣嘴會變熱？
11. 一氧化碳跟二氧化碳有什麼不同？
12. 貨櫃車裡載的鴿子若飛起來，車會變輕嗎？

電池怕冷嗎？

我的汽車電池在冷天裡半死不活。在真正很冷的天氣，它甚至發動不了汽車。但是廠商卻告訴我們把手電筒電池放在冰箱裡以保持電力。為什麼低溫有利於手電筒電池，而不利於汽車電池？

　　沒有人告訴你在手電筒電池冰冷的時候使用它們，因為它們將會與你的汽車電池一樣遲鈍。寒冷對於兩者都不利，如果你想得到電池應有的電力，那麼應將它們置於室溫下。

　　電池藉著化學反應（頁 54）而產生電流（電子的河流），然而一切化學反應在低溫時進行得比較慢（頁 211）。不論是汽車電池或者手電筒電池，只要將電池冷卻到低於室溫很多，它每秒送出的電子數目（行話：電流）就會嚴重受到限制。你隨身聽裡的冷電池會將活躍的快板變成慢板。順便一提，記得等冷電池回溫了再放進電器，否則冰冷電池表面上的凝結水氣會給你水上音樂，而且我指的不是韓德爾的樂章。

　　受低溫限制的只是電池送出電流（在需要時的穩定電流）的能力。低溫幾乎完全不影響電池送出電子的力道（行話：電壓）。

　　另一件事，電池即使沒接上電路，也就是沒有送出所要的電量時，也會漏少量的電。這會消耗它們有限的

化學物存量。如果以低溫保存電池，我們便會減緩這些少量的化學反應，於是電池就能保存能量到真正需要之時。但是現今的鹼性電池存放壽命如此之長，這使得是否冷藏幾乎沒有差別。

在含有液體（硫酸）的汽車電池裡還有別的因素受到低溫限制。當電池送出電流時，某些原子（其實是離子，但如果你不說，我就不告訴別人）必須遷移。它們或者從內部正極游泳到負極，或者反方向。但在低溫時，遷移變慢許多，電池放出電流的能力也受阻礙。

某些有經驗的修車技師會告訴你如果他們把汽車電池放在水泥地上而不是木架上，水泥「會吸走電池的電」。實際發生的事當然是水泥地較涼，所以吸走電池的熱。

你真正必須提防的是把錢吸出皮夾的修車技師。

擋風玻璃被撞擊時為什麼會變成小碎片？

基於某些明顯的原因，汽車擋風玻璃被製造成在撞擊碎裂時碎片不會四處飛散。但它們為什麼碎成那麼多個小小碎塊而不是少數的幾個大塊？他們如何使玻璃碎成那樣？

　　要防止碎片飛散相對而言很容易。擋風玻璃其實是三明治結構，它具有玻璃「麵包」以及凹陷之後不會破裂的彈性塑膠「洋火腿」。當保齡球擊中擋風玻璃時，大部分的玻璃碎片仍黏在塑膠上而不是四處飛散。但是它為什麼碎成一百萬塊而不是普通玻璃被打破時的少數幾塊呢？這就是另一個問題。這關係到玻璃是如何強化（事先處理）而增加了強度。

　　擋風玻璃當然必須比普通玻璃強。為了使一種材料更強，工程師通常訴諸於「預力」（預先使材料承受某種力量）。他們對擋風玻璃做的就是預力。

　　當玻璃成形後仍處於高溫時，玻璃表面（只有表面而已）遭到瞬間冷卻。這樣的做法鎖住了玻璃在高溫時的分子結構，而高溫時的結構比室溫時更膨脹。接著整塊玻璃板緩緩冷卻達到室溫。它在表面上保留高溫結構，然而內部卻收縮到比較緊密的室溫結構。於是，玻璃裡就鎖住了張力與壓縮力的綜合體（一種被壓抑的、

我推你拉的相對抗競爭）以強化整個結構。

　　玻璃任何地方出現缺陷或裂縫時，這個被壓抑的能量立即釋放。藉由這個能量，裂縫迅速地像連鎖反應一樣擴散到整個受應力的表面。裂縫與斷裂均勻發生於各處，因而導致小碎石般的大量碎塊。

知識補給站

他們怎麼製作預力混凝土？

他們在傾倒混凝土時播放「硬式搖滾樂」[1]。抱歉，開個玩笑。預力混凝土的力量不像是擋風玻璃那樣來自低溫強化。預力混凝土包含處於張力狀態的鋼筋（意指在混凝土硬化之前拉伸鋼筋使它產生應力）。然後鋼筋就像超強橡皮筋一樣想要收縮，但是因為不能收縮，因而使硬化的混凝土保持恆常壓縮。就某種意義而言，起初拉伸時的能量以壓縮力的形式被鎖在混凝土結構裡而使結構更強；混凝土雖然抗壓性很強，但是在張力之下就像同重量的太妃糖一樣軟[2]。

註 [1]　Hard Rock，字面意思為「硬石頭」。
註 [2]　張力大於預設壓縮力的部分才算數。

有沒有可以徹底防止生鏽的辦法？

我擁有的每一件東西都生鏽了。好吧，不真的是這樣！但我似乎總在給每一件東西（從工具、割草機到走廊扶手）擦油、刮鏽、上漆來對抗生鏽。我甚至不願意提到汽車。或許當我知道是什麼原因造成生鏽，我就能預防它。可是這樣⋯⋯有幫助嗎？

鐵加上氧加上水等於鐵鏽，就是這樣。當三者都在場時，就會不可避免地生鏽。但如果這邪惡的三合一之中缺了任何一個，就不會生鏽。

氧氣與水氣存在於大氣層的各處，這對我們這種生物很幸運，但對我們的園藝工具與汽車卻很不幸。而且幸運（或者不幸）的是，地球的整個中心，一個直徑大約 4000 英里的核，幾乎 90% 是鐵。即使是太陽與其他恆星，也有鐵。

在我們挖掘礦物的地球表面上。鐵是已知的八十八種金屬元素中最豐富的。因此它是所有金屬中最便宜且最常用的，不論它的形式是生鐵、鋼（含碳的鐵），或是其他幾十種合金之一。

也難怪，你就是不可能躲開鐵、氧還有水。幸好你並不孤單，因為自史前時代起，鐵鏽就困擾著人類。

主要的禍首是氧。在稱作「氧化」的過程裡，氧與

大部分金屬反應形成「氧化物」，而鐵鏽則是氧化鐵的一種（在化學界，它叫做含水氧化鐵）。在適當條件下，氧也會與鋁、鉻、銅、鉛、鎂、汞、鎳、白金、銀、錫、鈾與鋅等等許多金屬反應。事實上，在所有你可能熟悉的金屬裡，只有金完全不受氧侵襲。這個事實再加上金的稀少與獨特色彩，使金受到高度珍視（順道一提，那些宣稱能「除去」金飾鏽汙的珠寶清潔劑其實是個騙局。因為黃金不會鏽汙，只要利用普通肥皂及水就能洗淨金飾）。

氧化不會像它對鐵腐蝕、剝落那樣地摧毀其他金屬。這是因為其他金屬擁有某樣救命的優點，而這使它們免於被氧蠶食。例如，氧很容易與鋁反應，但是在鋁表面上的第一層氧化膜十分堅硬且不透氣，於是封閉其餘的部分不受進一步侵襲。再以銅為例，銅與氧的反應極慢，於是銅的表面只是稍微變暗（頁 201），而氧化銅的膜會保護內部的銅不受嚴重腐蝕。

但是當氧與水侵襲鐵的時候，紅褐色的氧化鐵不會固著。正如從你悲哀的經驗中得知，氧化鐵容易剝落且崩解，因而暴露出更多的鐵讓空氣與濕氣肆虐。氧化鐵的分子結構恰好使它成為脆弱且易於崩裂的物質。在這樣的狀況下，我們確實無計可施。不過，市場上已經有產品能夠將鐵鏽的結構轉變成堅固、有固著性的覆層。去五金行找找看。

於是，家裡唯一抵抗生鏽的防線就是使鐵免於長時間接觸濕氣或氧氣。請絕不要收藏濕的工具。任何裝在

不透氣袋子裡的東西只會稍微生鏽到袋子裡有限的氧氣與水氣耗完為止。抱歉,除了上漆之外,你能做的只有這麼多。

趣味小實驗

即使泡在水裡,如果沒有氧可用,鐵仍然不會生鏽。以大火煮沸一鍋水(持續沸騰幾分鐘,以除去水裡溶解的大部分空氣),然後在密封的玻璃瓶裡放一夜。接著在另一個相同的瓶裡放滿自來水。兩個瓶裡各放一根鐵釘而且等上兩天。你會發現,在煮沸過的水裡的鐵釘,其生鏽的狀況遠比自來水裡的鐵釘少(煮沸無法除去所有的氧)。

知 識 補 給 站

為什麼鹽會使汽車更快生鏽？

鹽不論是在靠近海邊的空氣裡，還是用在冬天結冰的道路上，為什麼都會使汽車更快生鏽呢？

鐵鏽的發生是經由鐵與氧並列在原子的尺度上構成一個微形的電池。也就是說，氧原子從鐵原子中取走電子，而這恰恰好是電池裡發生的事：一種物質的電子被另一種物質攫取（頁 54）。事實上，任何有助於電子從鐵原子跑到氧原子的東西都會促進生鏽。

因為鹽溶在水裡之後形成電子的良導體，所以鹽會促進生鏽。也就是說，鹽藉著促進鐵原子的電子轉移到氧原子而促進鐵生鏽。

Tips

在相當複雜的原子生鏽機制裡，鹽也幫助帶電的原子（離子）前往它們必須去的地方。不僅如此，鹽（氯化鈉）裡的氯對離子有分隔作用，但那稍微超過我們想了解的。相信我，不要把車子開進鹽水裡。

汽車抗凍劑有用嗎？

因為預計這個冬天特別冷，我放掉汽車冷卻系統的液體，而且用純抗凍劑取代常用的半抗凍劑半水的混合物。但有一位修車技師告訴我：比起半抗凍劑，純抗凍劑會在較高的溫度凍結。那怎麼可能？

聽來非常奇怪，但你的修車技師是對的。50% 乙烯二醇與水的混合物要到華氏零下 34 度（攝氏零下 37 度）才會凍結，然而純的抗凍劑在華氏 11 度（攝氏零下 12 度）就會凍結。讓我們瞧瞧出了什麼事？

幾乎任何一種東西混進水裡，其冰點都會低於水的冰點正常值（華氏 32 度，攝氏 0 度）。原則上，我們可以將鹽、糖、楓糖漿或者電池酸液加到引擎冷媒裡。這些做法會有某種程度的功效，但是基於明顯的原因我不建議使用它們。

在汽車出現的早期，我們確實偶爾使用糖或蜂蜜做為抗凍劑。後來則改用酒精，但它蒸發得太快。我們現在使用一種不會蒸發、名為「乙烯二醇」的無色液體。商用抗凍劑亦含有抗鏽劑與鮮明的染料，它不但可以幫助我們找到冷卻系統漏水的地方，而且會使它看起來像是高科技產品。

在水裡溶解物質可以抵抗凍結，其原因涉及液體（例如水）內的分子與固體（例如冰）內的分子在排列

上的不同之處。

在水以及所有的液體裡，分子就像一大群塗滿油的物體般，自由地擠來擠去。它們之間會相互吸引，但不是像大部分固體一樣連接在固定的位置。這也是為什麼液體會流動而固體不會。

為了要使液態水凍結，必須讓分子運動變慢而且進入它們在固態晶體裡的固定位置。如果有足夠的時間找到這些位置（也就是藉著逐漸冷卻而使分子放慢速度），水就會形成大體積的冰塊。不過，這正是我們所害怕的，因為當水凍結時它會膨脹（頁 270），而且隨之而來的壓力會使引擎裡的冷卻通道脹裂。

水裡面的外來分子，例如乙烯酒精，以兩種方式干擾這個凍結過程。首先，它們塞滿整個空間以干擾水分子進入形成固態冰晶體的精確位置。這就好像一隊軍人試圖排成隊形，但卻有一群老百姓在操場上亂跑。外來分子藉著擋路來阻止冰晶體成長到大且均勻的物件。即使水真的結冰，形成的也只是一堆很小的冰晶體，而不是單獨、堅硬、脹裂引擎的冰山。

但是外來分子對於水凍結成冰的最主要影響是：使水在低於常態的溫度（攝氏 0 度）下才會結冰。此處發生的事情是乙烯酒精分子「稀釋」了水，於是減少了任一地點可以聚集成為冰晶體的水分子數目。因此，我們必須藉著繼續降低溫度而使水分子行動更加緩慢，以便獲得足夠的分子進入適當位置而形成冰晶體。

那麼，為什麼純抗凍劑的結冰溫度高於混了 50%

水的抗凍劑？混了水的抗凍劑結冰較慢是因為水分子會干擾乙烯酒精分子；正如同乙烯酒精分子會干擾水分子一般，干擾是雙向的。水降低乙烯酒精的凝固點正如乙烯酒精降低水的凝固點。所以混合了水的乙烯酒精不像純的乙烯酒精那樣易於凝固。

是的，你可以說是水使抗凍劑免於凝固。

知識補給站

沸騰與凝固有什麼關係？

抗凍劑的標籤說它不僅使冷媒免於凝固，也使冷媒免於沸騰。那麼，沸騰與凝固間有什麼關係嗎？

被溶解的物質不僅藉著干擾水分子來降低水的冰點，而且也藉著使水分子更難以飛進空中而提高水的沸點（頁67）。冷卻水裡溶有乙烯二醇之後，它必須達到比平常高的溫度才會沸騰。混有 50% 乙烯二醇的水要到華氏 226 度（攝氏 108 度）才會沸騰。不過，這個優點在今天不如過去那麼明顯，因為現今的冷卻系統是增壓式的，水與乙烯二醇在較高壓力之下的沸點本來就高於正常大氣壓下的沸點。

Tips　　在汽車的冷卻系統裡，純抗凍劑比混了水的抗凍劑更容易凝固，因為水使抗凍劑免於凝固。

問題 5

將細砂撒在結冰路面能防止汽車打滑嗎？

我住在寒冷地區，而且我的房子有一條很陡的車道。當車道結冰時，我在上面撒砂以增加車胎的抓地力。但上一次（而且是最後一次），砂卻沒有發揮作用。它在我的車輪底下像是許多微小的滾珠軸承（ball bearing）。為什麼撒了砂卻無法增加汽車的抓地力？

那是極寒冷的一天，不是嗎？或許低於華氏 0 度（攝氏零下 18 度）？這就是問題所在。砂在太冷的時候沒有用。

為了改善抓地力，砂粒必須部分嵌入冰裡，以使原本光滑的表面形成微小的起伏（效果就像是把冰變成「砂紙」）。造成這個效應的是施在砂上的汽車壓力。當車輪壓迫砂粒抵住冰的時候，砂粒下的冰會稍微溶解，於是砂粒陷進去，然後砂粒周圍的水又凍結。

因為冰是體積較大形式的水，所以冰受壓之時會恢復到體積較小的形式：溶化成液態水（頁 281）。如果沒有這個壓力——溶化效應，砂不會嵌進冰裡。

問題出在冰愈冷就需要愈大的壓力溶化它。因為冰晶體裡的水分子會更僵硬地固定在原有位置上，所以無法像液體分子那樣容易受壓力而移開。雖然一輛汽車對

一粒砂施加很大的壓力，或許仍不足以在極冷的天氣溶化冰。

用腳踩或許會更好。橡膠輪胎的彈性使它不見得是最好的壓力施加器，你的鞋底或許比橡膠硬。即使假設你只有（每個輪子分攤到的）汽車重量的四分之一，你仍然可能比汽車施給砂粒更多壓力（每平方英寸上更多磅），而且砂粒會因壓溶機制而自行嵌入。

問題
6

為什麼下雪天要在馬路上撒鹽？

我的車道結冰時，只要撒鹽就能讓冰熔化。但是怎麼能夠不需要熱就可以熔化冰呢？有人說是因為鹽降低了水的冰點，但那對於冰有什麼意義？它已經結冰了啊！

　　和大家說的相反，此時車道上的冰不會「熔化」，正如糖不會「熔化」在咖啡或茶裡一樣。大眾時常弄混「熔化」與「溶化」[3]，但熔化──正如你提過的──需要熱。你當然可以藉著加熱而熔化冰或糖（頁 86），但那不是鹽對於冰的作用。鹽其實是「溶化」冰。

　　大眾會使用「熔化」一詞來形容冰上撒鹽的現象，原因在於他們看見冰消失而且留下液體鹽水。我們的祖先發明「熔化」（melt）這個字，其原意是用來描述「冰消水現」的現象。所以科學老師與教科書更應該小心以避免落進語詞的陷阱。

　　在學校裡，我們和其他人一樣被教導「鹽降低水的凝固點」，但這句話並不完全正確。將鹽撒在車道上不可能改變水的凝固點。水習慣於凝固或熔化的溫度，一樣都是華氏 32 度，或攝氏 0 度（頁 88）。它一向如

註 [3] 熔化（melt），固體遇高溫而變液體；溶化（dissolve），物質在液體中分解。

此，未來也將如此。教科書與老師應該說的是：「鹽水凝固的溫度低於純水。」這可是一個很不相同的陳述。

鹽在車道上首先將冰變成鹽水，然後這些鹽水保持液態，原因是鹽水的凝固點（不是水的凝固點）確實比氣溫低。這或許是細微的區別，但卻是了解發生什麼事的關鍵。

首先，鹽怎麼將冰變成鹽水？構成氯化鈉（或者說鹽）的氯原子與鈉原子（其實是氯與鈉的離子，但是我們不抬槓了）對水分子有很強的親和力（廠商必須加進抗結塊劑以避免鹽罐裡的鹽吸收空氣裡的濕氣而結塊）。當鹽的晶體落在冰的表面上時，鹽的氯原子與鈉原子將某些水分子拉出表面，然後，鹽晶體溶在水裡，並在自身周圍形成微小的一灘鹽水。這灘鹽水不會凝固，原因是它的凝固點低於氣溫。

已經溶化在鹽水裡的鈉原子與氯原子不斷侵蝕冰的表面，就像魚缸裡爭食肉塊的食人魚。隨著過程的進展，更多冰溶化在鹽水裡，造成愈來愈多的鹽水。最後，若不是冰完全溶化，就是那一灘鹽水被稀釋到它的凝固點不再低於氣溫並開始凝固。但是鹽水只會凝固成冰渣狀態，而不是堅硬的冰。不論哪一種情況，你的破冰任務都達成了。

Tips 　鹽不會熔化冰。

問題
7

為什麼鴨子游泳不會打濕羽毛？

為什麼油與水不混合？

　　水是世界上最好的混合劑，而且我說的不只是威士忌。水比任何其他液體更能混合、親密連結，甚至歡迎更多的物質進入它的懷抱（也就是溶解）。因此，水有時被稱做「萬用溶劑」。

　　但有一系列物質是水所厭惡且必然避開的——油類。水不會靠近、沾濕一滴油，更別提溶解它。因為鴨的羽毛是油性的，所以水會從鴨背上流開，甚至鴨子潛水也不會弄濕羽毛。

　　就像社交場合的賓客一般，分子必須有一些共同點才能夠打成一片。然而水分子與油分子可說是毫無共同之處。正如你所知道的，水是含有三個原子的小型分子——兩個氫原子加一個氧原子；另一方面，構成油的大型分子雖包括許多碳原子與氫原子，卻完全不含氧原子。不論這個場合氣氛多親密，水與油都不太可能相識並且結盟。

　　油類究竟有什麼問題使它們被排斥在水——世上最豐富的液體——的寬廣、美妙世界之外？只要我們明白水為什麼是這麼多物質的優良溶劑，我們就能知道油類為什麼不具備溶在水中的條件。

　　純水與任何液體裡的分子都是藉由某一種相互吸引力而聚在一起。如果它們不聚在一起，分子就會飛進空中，使液體不再是液體而成為氣體。水分子之間的吸引力相當特別。之所以會產生吸引力是因為水分子具有極性，而極性就像是微小的磁棒，但兩端具有的不是南極與北極，而是正電極與負電極（正電荷與負電荷。頁91）。

　　如果你把一杯水想像成一杯擠在一起的微小磁石，你就可以看出它們不太有興趣與任何不具磁性的物質混在一起。磁石只受其他磁石吸引。沒錯，磁石確實受到普通鐵塊的吸引，但原因是因為鐵塊裡含有無數微小的磁石（頁306）。

　　水只會受到帶有電性的原子或分子所構成的物質吸引。首先，水會沾濕它，最後包圍並且溶解它。許多物質符合這個條件，所以會與水混合。但是那些既大又長的油分子則不具有極性的東西（沒有電極），所以油絕對不會與水混合。我們的結論是：油分子不具有吸引水分子的東西。

　　溶解是最親密的一種混合：某一種物質的分子一對一混合在另一種物質的分子之間。談到溶解，我們或許可以說只有物以類聚的東西才可能這麼密切地混在一起。比較不詩意的化學家卻寧願說成「同類相溶」，意思是只有分子與水相似的物質才可能與水混合，而油類或類似油的則不可能。

　　更進一步來說，如果某種物質可以溶解，它不是溶

於油就是溶於水，不可能兩者皆溶。鹽與糖溶於水，而汽油、油脂與蠟則溶於油，絕不會顛倒過來。

知識補給站

為什麼蔗糖易溶於水？

除了極性分子——或者說是「電磁鐵」——相互間的吸引外，水分子之間還有一種叫做「氫鍵」的重要吸引力。姑且不深入細節，讓我們只說當分子的一端是氧原子加上氫原子（OH）時就會出現氫鍵。水分子完全符合這個描述，所以它們藉著氫鍵與極性吸引力聚在一起。

基於「同類相溶」的理論，具有氫鍵良好條件的其他物質應該也可能溶於水，而它們也確實如此。蔗糖是我們所熟知的例子。蔗糖溶於水不是因為它的分子是「電磁鐵」，而是因為它們含有像水一樣的 OH，所以與水分子形成氫鍵。蔗糖分子實際含有八個 OH。

如果油分子不具極性，而且如果它們不形成氫鍵，那麼是什麼使它們聚在一起？這是一種叫做「凡德瓦力」（vander Waals attraction）——一種完全不同於分子對分子的吸引力。我們不需要太花腦筋去了解它（如果你非了解不可，見頁 135）。這種吸引力對於水分子而言，就像電極對於油分子一樣，彼此無法相互接受。水與油是相互厭惡的。

油為什麼可以潤滑？

油為什麼如此潤滑？

明顯的，因為它很滑溜。但是使物質滑溜的原因是什麼？

所有的液體都具備若干程度的滑溜性，而濕滑的地板或者高速公路被公認是使律師穿得起昂貴服裝的災害。但是我們不太將水當成引擎或者其他機器裡的滑潤劑，原因是它還不夠滑而且會蒸發掉。

油分子（你早就知道是分子的緣故，不是嗎？）比水分子更容易相互滑溜而過，所以油比水更滑。因為液體只不過是一堆分子，當分子滑溜時你也跟著「滑溜」。你不會意外在一堆滾珠軸承上滑倒，不是嗎？

水分子不像油分子那麼容易滑來滑去，原因是它們有相當的黏性（分子間相互吸引力大於油分子。頁132）。水特有的「分子對分子的吸引力」主要來自於含有氧原子的水分子。誠如水分子的化學式所表示：氧就是 H_2O 裡的 O。

但是油分子，也就是構成黏乎乎、黑色且叫做「石油」的化學混合物裡的碳氫化合物分子，只含有氫原子與碳原子，完全沒有氧原子。它們因聚集不緊密而容易互相滑溜，所以是良好的潤滑劑。

知識補給站

為什麼分子間也是相互滑溜的？

油分子必須有某一種聚在一起的方法；如果它們根本不會聚在一起，那它們會像蒸氣一般地飛進空中，於是一切文明的機器就會嘎嘎作響，冒著煙停下來。

油分子藉著化學家說的凡德瓦力聚在一起。他們解釋這種力的方式是含含混混而且喃喃地說著所謂「電子雲」。當許多原子結合構成分子時，它們會共用所有的電子。這些電子環繞在整個分子周圍就像一群蜜蜂環繞著一串葡萄，於是形成看似巨大的雲狀物體。所以當兩個分子靠近時，它們最先看見的是對方的電子雲，而這就像是蜜蜂與蜜蜂的相會。

到現在為止，一切都還好。沒有人會爭辯上述說法，它大大有助於化學家解釋分子間如何相互作用。但現在要談怪異的部分。儘管這些雲裡的電子其實都有相同的電荷（負電），而且應該互相排斥，但它們卻不知怎的相互吸引而且將分子聚在一起。這就是凡德瓦教授所說的，他也因此得到 1910 年的諾貝爾獎。去跟他辯吧。

不論如何，這些凡德瓦力確實使分子聚在一起（尤其是擁有大型電子雲的較大分子），引力強到分子不會蒸發掉，但是因為它們只是藉著模糊不清的電子雲來聚集，所以分子仍然可以輕易相互滑溜。

用打氣筒幫汽車輪胎打氣為何會這麼累？

為什麼我可以迅速地把腳踏車輪胎打氣到 60 磅，卻必須累得發暈才能用打氣筒給只有 30 磅壓力的汽車輪胎增加 2 磅？

　　你對抗的不只是氣壓，還必須考慮體積。打氣筒必須多抽動許多次才能夠使汽車輪胎與腳踏車胎一樣增加「1 磅空氣」。

　　人們常說的「1 磅空氣」並不是像 1 磅奶油一般指空氣的重量；它其實是壓力（每平方英寸有多少磅力，通常縮寫成 psi）。這種壓力是車胎裡無數個分子累積的效果，它們不斷撞擊每一平方英寸的車胎內壁。當打進車胎的空氣分子愈多，撞擊就愈多，而壓力也就愈高。這就是增加空氣能夠提高氣壓的原因。

　　正如你已經想到的，把空氣打進 60 psi 的車胎應該比打進 30 psi 的車胎難。那是因為車胎裡的分子也在撞擊閥門開口，這個結果造成我們難以打進更多空氣。所以每次推送活塞時，比起 30 psi 氣壓的汽車輪胎，你要花兩倍的力量來克服 60 psi 的腳踏車胎，才能順利將空氣打入。

　　那為什麼給汽車輪胎打氣反而更累？

　　一個典型的汽車輪胎含有典型腳踏車胎六到八倍的

空氣。為了在這兩種車胎達到相同的氣壓（每平方英寸同樣的分子撞擊率），汽車胎裡必須含有六到八倍的空氣分子。因此，每增加汽車胎壓一個 psi，你就必須打進給腳踏車胎增加一個 psi 所需的六到八倍空氣（推送次數也是六到八倍）。即使如題每次推送只用腳踏車胎打氣的一半力量，你的辛苦仍然是三倍以上。

為何用打氣筒打氣，打氣嘴會變熱？

當我用打氣筒給腳踏車胎打氣時，車胎的氣嘴會變
熱。我假設這是因為空氣通過狹窄閥門時的摩擦所
造成。但我在加油站給腳踏車打氣時，氣嘴就不會
變熱，這是為什麼？

　　氣嘴變熱的原因不可能是摩擦，因為這兩種狀況都
有等量的空氣經過閥門。答案在於空氣（或任何氣體）
受壓縮時（被迫進入較小的空間）就會變熱。

　　當你使用打氣筒時，你以活塞壓縮氣體；但是在加
油站使用的，則是已經被壓縮過的空氣。加油站的高壓
空氣在一開始被打進儲氣槽時確實會變熱；但是當你帶
著扁扁的車胎出現時，空氣已經冷卻。你做的只是放出
已儲存的空氣，而不是壓縮空氣，因此不會變熱。

　　為什麼壓縮某種氣體會使它變熱？

　　氣體分子是自由的精靈。它們自由自在地飛翔，並
在受局限的空間內盡可能地相互遠離。要迫使它們靠得
更近（例如把它們壓縮進局限的車胎中），你就必須以
向內推的力量克服它們向外飛的天性。當你使用打氣筒
時，你眉頭的汗告訴你，你確實把一些肌肉能放進氣體
裡面。

　　但是分子拿能量來做什麼？既然不能飛得那麼遠，

它們就利用你給它們的能量飛得更快。運動更快的分子就是更熱的分子；而熱能只不過是運動迅速的粒子（頁311）。因此，你的肌肉能用來給車胎裡的氣體加溫。

知識補給站

如果壓縮空氣會變熱，那膨脹空氣會變冷嗎？

一定會！而且當你在加油站讓某些已儲存的高壓空氣膨脹到外界時，就會發生這回事。為什麼膨脹使氣體變冷？如果一群飛翔的氣體分子突然被容許膨脹到較大的空間，分子向外飛的時候就必須推開占據那個空間的任何東西（通常是大氣）。這樣做會耗掉氣體的一些能量，於是氣體分子運動變慢（如果氣體膨脹到真空裡，就不是如此了）。分子運動較慢的氣體就是溫度較低的氣體。

趣味小實驗

下一次當你在潮濕的天氣搭飛機時,不妨在起飛時(動力最大的時候)觀察機翼。你可能會看見一層霧恰好在機翼表面的上方,這是膨脹降溫的例子。相對於機翼下面的空氣,流過機翼上方的空氣是膨脹的(參考「伯努利原理」〔Bernoulli's principle〕等等之類的理論,去問搞飛機的人)。機翼上方膨脹的空氣可能降溫到足以凝結空氣裡的水氣,因而造成可見的霧。

一氧化碳跟二氧化碳有什麼不同？

一氧化碳與二氧化碳有什麼不同？我猜「一氧化」
的意思是含一個氧的化合物（不論那是什麼），而
「二氧化」則是含兩個氧。我不管這些，只想了解
它們是否都有毒？它們與汽車排氣、煤油暖爐及香
菸的煙有關聯嗎？

它們都是危險的氣體，只是作用方式不同。

大氣層裡通常有少量的二氧化碳。它來自火山、植
物與動物物質的分解、煤與石油的燃燒，以及啤酒開罐
時的氣體（儘管它在電視廣告中氣勢磅礴，卻不是主要
來源）。不論如何，僅僅在美國，每年就產生 110 億磅
二氧化碳，而且許多是美國人每年牛飲八十億箱碳酸飲
料與一億八千萬桶啤酒後，因打嗝而進入大氣層。

顯然，二氧化碳本身不可能有毒。唯一的問題是它
不支持燃燒或呼吸（頁 178），而且只要有機會，它就
可能使火及人類窒息。因為二氧化碳比空氣重，它會流
到最低的地方，然後像隱形地毯一般地滯留，接著再擠
走空氣並窒息它所覆蓋的一切。這就是 1986 年在非洲
喀麥隆所發生的事，當時尼歐湖冒出高達 600 噸重的火
山二氧化碳氣泡，這些氣泡蔓延到鄉間，造成至少一千
七百人與無數的動物窒息。

趣味小實驗

將蠟燭放在小玻璃杯裡,然後點燃(先別忙著祈禱)。接著將一些醋倒進裝了幾茶匙小蘇打粉的大玻璃杯以製造二氧化碳。當二氧化碳冒泡且充滿杯子時,像傾倒隱形液體一般對蠟燭傾倒二氧化碳(小心不要倒出真正的液體)。結果蠟燭會熄滅,溺死在不可見的氣體之海裡。

　　另一方面,即使只有微小的量,一氧化碳也是真正的惡棍。當人類吸入一氧化碳時,它直接從肺部進入血液,並且激烈地與血紅素反應,使血紅素不能擔負攜帶氧氣到細胞的重責大任。氧氣被剝奪的結果將導致死亡,而一氧化碳是美國中毒死亡事件的主要原因。

　　只要含碳物質在空氣中燃燒(從汽車裡的汽油、暖爐裡的煤油到香菸裡的菸草),或多或少就會產生一氧化碳。如果這些燃料擁有無限量供應的氧氣,它們會完全燃燒並形成二氧化碳(每個碳原子搭配兩個氧原子)。但是氧氣進入火燄的速率總是有實際的限制,所

以某些碳原子不可避免地只配上一個氧原子而不是兩個。結果，形成了一氧化碳而不是二氧化碳。

　　汽車引擎每年在美國噴出大約 1 億 5000 萬噸的一氧化碳。在交通阻塞時，空氣裡的一氧化碳含量會累積到即使稱不上危險但也會使人不適（疲憊、頭痛、想吐）的程度。煤油暖爐、煤氣暖爐、熱水器、煤氣鍋爐、煤氣爐臺、烤箱、煤氣烘乾機、燃木火爐、木炭烤肉架與香菸都會產生一氧化碳，這些全都該在通風良好的地方使用，或將其產生的一氧化碳排到室外。

　　所以不要在開車時抽菸，尤其不可以在室內邊使用暖爐或熱水器邊抽菸。

貨櫃車裡載的鴿子若飛起來,車會變輕嗎?

我在貨櫃車檢查站看見一位貨櫃車司機用棒球棒猛敲他的貨櫃。我問他在做什麼,他解釋說:「我在運送 2000 磅的鴿子,但我的車子超重 1000 磅,所以我必須保持一半的鴿子飛起來。」好吧,這是個笑話,但這真的有用嗎?

這真的是很老的笑話,但有其科學深意。

不,那不會有用。

讓我們換個方式思考。貨櫃是裝滿東西的大箱子,這個箱子有某一個重量。不論箱子裡裝的是金磚、沙土、鵝毛、鴿子或蝴蝶,敲箱子有可能改變它的重量嗎?明顯不會。物質的重量是它內含所有分子重量的總和,與排列的方式無關。

這種說法使許多人困惑,因為飛行中的蝴蝶與鴿子不像其他貨物一樣停放在地板上。牠們的重量是如何傳遞到檢查員的磅秤上呢?

答案是:經過空氣傳遞。

空氣雖然稀薄且透明,但它畢竟是一種物質(頁204)。它像所有其他東西一樣是由分子構成,因此它也有重量。更確切地說,海平面上每立方英尺的空氣重達 1.16 英兩。嚇壞了而四下亂飛的鴿子只能藉著不斷

振翅（向下拍壓空氣）以使自己留在空中（這過度簡化鳥的飛行，但是說得通）。

當翅膀向下拍壓空氣時，壓力經由空氣裡一個又一個的分子傳遞（如果你在場，應該會感覺到振翅的風力，不會嗎？）。向下壓的空氣再推壓它接觸的每件東西，包括貨櫃的牆、地板與天花板。鴿子翅膀的壓力因此完全保留在貨櫃裡而不會改變它對磅秤的影響。

但你或許會說，當鴿子起飛時，牠難道不會向下推壓貨櫃地板而使貨櫃瞬間更重而不是更輕？即使鴿子起飛後，牠向下振翅的力量難道不會經過空氣而對貨櫃構成額外的壓力並使貨櫃在瞬間更重？

兩件都說對了。但是依照牛頓爵爺的說法，每個作用力都有相等大小而且相反方向的反作用力。於是對貨櫃向下推的力量恰好被相同大小向上推鴿子的力量抵消。而這也是鴿子起飛時拍翅膀的原因。

或許那個貨櫃車司機該做的是在地板安裝排水孔，放一隻貓進貨櫃，然後排掉鴿子嚇出來的一大堆冷汗。

Tips　不，鴿子不會流汗。

第 4 章

果凍是用
豬皮做的嗎？

關於市售商品的 16 個科學謎題

從街邊小販到豪華商場都適用同樣的法則——只有錯買的，沒有錯賣的。賣方永遠占優勢，因為他們知道自己究竟在賣什麼，但是買方卻必須不斷留心是否受騙。在很多情況下，買方不僅不知道產品是什麼，甚至不能看透「促銷、包裝與吹噓」的迷霧。在本章中，讓我們睜大眼睛，看看究竟是什麼潛藏在這些商品的表面之下。我們將會造訪超市、五金行、雜貨店、餐廳，以及或許只會去一、兩次的本地小酒鋪。

有　　　趣　　　的　　　謎　　　題

1. 解凍盤的功效真有那麼神奇嗎？
2. 啤酒開瓶時，為什麼瓶口會產生煙霧？
3. 食物的熱量如何轉化為人體的能量？
4. 為什麼我們用玉米糖漿取代蔗糖？
5. 為什麼餅乾上面要有小孔？
6. 貼上冷敷包後為什麼會涼涼的？
7. 「凍傷」也算是一種「燙傷」嗎？
8. 磨碎的牡蠣殼可以做成好的鈣類補品嗎？
9. 味精為什麼能讓食物更美味？
10. 吃「帶血」的生牛排真的會吃到血嗎？
11. 瓶裝番茄醬要搖一搖才容易倒出來？
12. 為什麼食用油要添加氫？
13. 乾冰為什麼是乾的？
14. 果凍是豬皮做的嗎？
15. 為什麼魚會有腥味？
16. 不同酒類的酒精度是怎麼算出來的？

解凍盤的功效真有那麼神奇嗎？

看看「天然除霜托盤」是怎麼發揮作用的？據說它們不使用電池或電力，就能直接取得空氣中的熱，迅速將食物解凍。

是的，它們尤其擅長直接取走你荷包裡的錢。其實它們只不過是被吹噓成太空時代高科技奇蹟的一塊金屬板而已。

在所有的物質之中，金屬是熱的最佳導體。如果你把冷凍漢堡放在金屬板上，金屬必定會將熱從溫暖的室內傳到冰冷的漢堡上，使漢堡在相對短的時間內解凍。原理就這麼簡單。事實上，這塊解凍盤的效果不會好過任何使你感覺冰涼的金屬，因為熱也會透過這些金屬從你溫暖的皮膚傳到相對涼的室內。附帶一提，將冷凍食物放在空氣中是最慢的解凍方法，因為空氣幾乎是最差的熱導體。

這種由「先進的、超傳導合金」所製造的「神奇的、全天然的」除霜托盤，其實只不過是一塊鋁板。鋁的導熱能力大約是最佳導體──銀的一半再略多一點（頁47）。鋁的售價大約是每磅40美分，你卻可能得花15～20美元才能買到這種2磅重的「神奇除霜板」。

噢，還有一件小事。說明書會要求你在每次使用前

與使用中以熱水沖大約一分鐘，以便使金屬板「進入狀況」。我覺得那聽起來像在唬人。

許多人因為製造商驚人的試用示範而上鉤：先放一塊冰塊在神奇板上，再放另一塊冰塊在旁邊的流理臺上。看哪！在板上的冰塊迅速熔解，而流理臺上的卻熔得很慢。它還真的有效。

怎麼回事？賣金屬板的人很有把握你的流理臺是塑膠皮、瓷磚或者木頭做的（這些材料的導熱性差到根本是「隔熱」的地步）。冰塊在隔熱材料上自然不會像在熱導體上熔得那麼快。試試另一種示範：先放一個冰塊在金屬板上，再放另一塊在沒加熱的厚底鋁製煎鍋上。你會發現它們在完全相同的時間內熔解。

趣味小實驗

先除去冷凍食物的包裝，再把它放在未加熱的厚底煎鍋上，這樣就能迅速解凍。如果想更快一點，就用熱水（不要用爐子）加溫煎鍋。除了鐵製煎鍋（因為鐵的導熱性大約只有鋁的三分之一），任何厚底煎鍋都是熱的良導體。所以，任何厚底煎鍋都與那些「神奇」托盤一樣有效。

當然，如果你有一大塊的純銀板……

從阿嬤那裡繼承的那個白銀茶點托盤如何？它含 92.5% 純銀，所以它的效率是定價過高的鋁塊的兩倍。

啤酒開瓶時，為什麼瓶口會產生煙霧？

> 我一定開過成千上萬瓶啤酒（請不要批評我，我是酒保）。我打開瓶蓋的一瞬間，時常看到酒瓶頸部出現一絲霧氣，有時霧氣甚至跑出瓶口。雖然看多了那些霧眼朦朧的酒客，但啤酒怎麼會有霧？

這種霧與任何的霧完全一樣：都是因為低溫而從空氣中凝結出的液態水顆粒；只不過它們微小到無法像雨點一般落下。它們因為不斷受到空氣分子的撞擊而懸浮在空中，又因為平均反射所有的波長而使它們看來像是白色（頁 58）。

你的疑惑顯然來自你在開瓶前沒有看見瓶裡有霧。但事實上，啤酒在開瓶前與開瓶時都一樣冰凍，是什麼原因讓啤酒在開瓶時產生煙霧？

啤酒在未開瓶時，液體上方的空間充滿了壓縮的二氧化碳、空氣與水氣的混合物（全都是氣體）。水氣裡的水分子十分滿意這種狀況：互相遠離做為不可見的氣體而不是聚成霧的顆粒。這樣的狀況起因於它們一開始是藉著跳出啤酒的表面而進入氣體中，但在啤酒的溫度下，又只有少數的水分子才能具有足夠能量跳進氣體裡（頁 64）（行話：水氣與液體在那個溫度達到「平衡」）。直到你打開瓶蓋並且釋放氣壓、攪亂一切事情

之前，水分子都是這個樣子。

　　當壓力釋放時，被壓縮的氣體突然能夠膨脹。而當氣體膨脹時，它們失去一些能量並冷卻（頁 179）。接著氣體冷到足以凝結出一些液態水，這就是你所看見的霧了。

　　如果這瓶啤酒是放在顧客面前而不是立即倒進杯子，那你可能會看見一些霧上升到瓶口並且溢流到吧臺上。這是因為溶解的二氧化碳正離開啤酒而且在碰到瓶口的暖空氣時膨脹。當它膨脹時，就把一些霧推上來。然後因為二氧化碳比空氣重，所以它會像透明瀑布一樣溢出，並且夾帶一些霧沿著瓶邊流下來。

　　不是有意冒犯，但如果你在比較高級的地方工作，你也會在打開香檳時看見完全相同的霧，而且原因也完全相同。

食物的熱量如何轉化為人體的能量？

在超市貨架上，每一種食物的標籤都會告訴我們它有多少卡路里。我知道卡路里是什麼（它是能量的數量），但要如何確定一種食物實際能帶給我們多少能量？難道他們餵老鼠吃東西，然後再把老鼠放在跑步機上看牠們能跑多遠？

　　我們不要把食物能量想像成是用來運動與四處亂跑的能量。我們的身體不僅利用得自食物的能量來移動，也用來消化與吸收食物、修補細胞日常的損耗、產生新的生長，同時進行成千上萬難以置信的複雜化學反應；而這些都將維持每一件事的平衡與正確運行。正如同數十億美元的減肥業與節食業所證明的，每一個人利用食物熱能的方式總是大不相同。

　　營養學家所用的術語——大卡，指的是將 1000 公克（1 公斤）的水提高攝氏 1 度時所需的能量；而化學家所說的小卡，則是營養學家所說的大卡的千分之一（頁 89）。

　　人們常說運動會「燒掉卡路里」。那當然是很不精確的說法，因為你無法放火燒掉能量。但就像任何烹飪新手很快就會學到的，你可以將食物燒掉。當食物燃燒時，就會放出裡面的能量，正如同我們燒煤時，它也會

放出能量。他們就是這樣決定食物含有多少能量：真正燒掉它並且測量所放出的熱是多少大卡。

當我們燒煤的時候，煤與氧產生能量與二氧化碳。我們的身體也以相似的方式燃燒食物——我們稱做「新陳代謝」，不過速率慢得多，而且很慈悲的沒有火燄（火辣辣的胃痛不算），但整體的結果相同：食物加上氧氣會產生能量與二氧化碳。顯而易見地，我們藉著新陳代謝從食物得到的能量，其實恰好與燃燒食物所得的一樣多。

營養師把已知數量的乾燥食物放進充滿高壓氧氣的鋼瓶裡，然後將整個鋼瓶浸在水裡，接著用電引燃內容物，即可測量水溫升高多少。營養師從這個數字就能算出釋放了多少大卡。每 1 公斤的水每升高攝氏 1 度，就意味著釋出 1 大卡的能量。

等燒過每一種食物之後，人類終於明白，每 1 公克的蛋白質（與蛋白質種類或者來自什麼食物無關）大約釋出相同數量的大卡。脂肪與碳水化合物也是如此。他們發現每公克蛋白質與碳水化合物含有 4 個大卡，而每公克脂肪則含有 9 大卡。所以，現在已經沒有人費事燒食物了。化學家分析食物含有多少蛋白質、脂肪與碳水化合物，然後計算出大卡的總數。

當然，我們還是會燒烤軟糖。

知識補給站

新陳代謝與燃燒食物所得的能量為什麼相同？

這真是令人吃驚。食物及氧氣轉換成能量和二氧化碳，不管轉換的方式為何──不論是人體裡緩慢的新陳代謝，或是實驗室鋼瓶中的熊熊大火──其釋出的能量（卡路里的數目）相同。

化學的一般原理是：在化學過程中，如果化學物開始時處於 A 狀況而結束時處於 B 狀況，不論中間是如何從 A 到 B，化學能的總變化是相同的。我們可以把能量比擬做高度：能量愈高，高度愈高。如果你從高度 A 的山丘開始健行到高度 B 的山丘，不論你從 A 繞什麼路走到 B，你的位置高度（位能）的改變就是 B 減去 A。

為什麼我們用玉米糖漿取代蔗糖？

當我檢視現成加工食品的成分時，我時常看見「玉米糖漿」、「高果糖玉米糖漿」與「玉米甜劑」。但是當我在市場買「甜玉米」時，不論小販如何保證，它們從來也不甜。他們是怎麼從玉米中取出甜味呢？

你是第一個承認玉米含有許多澱粉的人，不是嗎？澱粉是玉米糖漿的關鍵。他們藉著化學的魔術將玉米澱粉轉變成糖。

把玉米粒的水分去掉，剩下的東西大約有 82% 是碳水化合物──這一類天然有機物包括糖、澱粉與纖維素。構成大部分植物細胞壁的堅韌纖維素存在於玉米粒的表皮。另外正如你已經知道的，糖的含量不多。所以，澱粉就是玉米仁的主要成分。

就體積而言，美國生產的玉米大約是甘蔗的五千倍，而且美國進口的糖大部分來自從沒因政治穩定或對美國友善而得獎的熱帶國家。所以如果美國食品製造商能夠從澱粉中製造出糖，就能大賺一筆了。事實上，他們真的做到了。

糖與澱粉是很接近的化學表親。澱粉分子含有好幾百個甚至好幾千個全都擠在一起的葡萄糖分子，而葡萄

糖正是一種基本的糖。所以在原則上，如果能夠把澱粉分子打碎成比較小的分子，我們就可以得到許多鬆散的葡萄糖分子。當然，打碎後也會產生一些麥芽糖分子——它們是另一種糖類分子，每個分子含有兩個黏在一起的葡萄糖。另外，我們還可得到許多更大的分子，包含幾十個黏在一起的葡萄糖單元。因為這些大型分子不像小型分子那麼容易相互滑過，所以我們得到黏稠且像漿狀一般的混合物。

　　幾乎所有的酸以及許多來自動物與植物的酵素都能夠表演這種把戲——將澱粉分子分裂成含有許多糖類的漿狀物。而唾液的酵素能在任何時刻做這件事（酵素是幫助某一特定化學反應進行的天然物質，許多重要的生命程序中不能沒有酵素）。

趣味小實驗

咀嚼富含澱粉的蘇打餅乾幾分鐘，它會開始產生甜味。

　　不過葡萄糖與麥芽糖的甜度大約只有蔗糖的 70%
與 30%。「蔗糖」是甘蔗裡美妙甜味的糖，我們習慣
簡稱它為「糖」。所以如果你以我們描述的方法來分裂
澱粉，它平均大約只有「真糖」60% 的甜度。食品加
工商克服了這個困難，他們用另一種酵素將某些葡萄糖
轉變成果糖——一種比蔗糖更甜的糖。那就是為什麼你
看見某些標籤上印著「高果糖玉米糖漿」的原因。

　　但還有一個問題。葡萄糖、麥芽糖、果糖玉米糖漿
或許營造了美國食品工業的經濟榮景，但是它的口感及
味道就是與老式蔗糖不同。舉例來說，在食品加工商放
棄蔗糖而改用更便宜且更易取得的玉米甜劑後，水果蜜
餞與一般冷飲的口感就硬是和以前不同。身為讀標籤的
消費者，你能做的頂多是選擇使用蔗糖比例最高的產
品，而蔗糖在標籤上印的就是「糖」。

　　順便一提，如果你能找到一瓶 1980 年以前的可口
可樂，你就會懂我的意思。據說可口可樂美國裝瓶廠就
是從那一年將蔗糖換成玉米甜劑。但在甘蔗便宜的國
家，可口可樂仍是用糖製造。所以，當你下一次去美國
邊界以南的時候，記得買一些回來。但是不要在海關人
員聽得到的地方說「Coke」[1] 這個字。

註 [1]　Coke，是「可口可樂」的簡稱，但也是毒品古柯鹼（Cocaine）的
　　　　別稱。

為什麼餅乾上面要有小孔？

> 為什麼逾越節麵餅（matzo）會有瓦楞紙板的形狀？只是傳統嗎？

不，這可是很務實的！

依據傳統猶太逾越節的飲食規矩，逾越節麵餅中禁止加入任何酵母、小蘇打、發粉之類的蓬鬆劑。所以逾越節麵餅只能以麵粉與水製成。但在非節慶的日子，製造商可以稍微作弊，加些其他東西以改變口味。

如果你只是把麵粉與水倒進一個大攪拌器製造麵團，必然也會將氣泡捲進去。接著，當你把麵團碾薄並放進很熱的烤箱時（烘烤溫度大約在華氏 800 ～ 900 度或攝氏 400 ～ 500 度），困在裡面的氣泡會膨脹爆開，然後你會得到滿烤箱符合猶太教規矩的碎片。

所以在烤碾薄的麵團前，麵餅烘烤師傅會讓一組帶刺的輪子滾過麵皮表面並戳破氣泡。就是這組帶刺的輪子在逾越節麵餅上留下整排的小孔。我們還會在小孔行列間看見破掉的氣泡。但由於它們的大小比較不具破壞力，而且它們會比周圍先烤成焦黃，所以有助於呈現誘人的外表。

趣味小實驗

仔細觀察蘇打餅乾。不管是哪個宗教的，餅乾表面都會有小孔圖案。

　　為什麼餅乾上面要有小孔的原因和逾越節麵餅一樣——防止氣泡在烤箱裡破裂。不過普通餅乾的小孔不必太大，因為麵團內含蓬鬆劑（蓬鬆劑會產生許多微小的氣泡。頁 83），而且烘烤時的溫度也沒那麼高。

貼上冷敷包後為什麼會涼涼的？

> 我打壘球如果扭到腳踝，就會有人跑到藥局買冷敷包給我。他們先擠捏並搖晃它，之後就可以立刻利用它來冷敷。那裡面有什麼成分使它冷得這麼快？

　　冷敷包內含硝酸銨晶體與可捏破的水袋。當外包受擠捏時，水袋破裂，藉著少許搖晃使硝酸銨溶在水裡。

　　當某種化學物溶在水中時，它不是吸熱（讓水變冷），就是放熱（讓水變熱）。硝酸銨屬於會吸熱的那一類。它從水中取走熱能，使水冷卻。但由於冷卻幅度大，像這種冷敷包就能降溫到接近冰點的程度。

　　對於什麼傷勢在什麼時候應該熱敷或冷敷，醫生的說法總是讓人無所適從。所以市面上熱敷包的種類幾乎與冷敷包一樣多。熱敷包內含在水裡溶解時會放熱的化學物，通常是氯化鈣或硫化鎂的晶體。

　　但在溶於水的單純過程裡，化學物為什麼會吸收或放出熱能？畢竟我們時常在家裡溶解兩種常見的化學物——鹽與糖，但我們從沒看見糖冷卻我們的熱咖啡或加熱我們的冰茶。事實上，鹽與糖是例外。

　　化學物溶於水包含兩個步驟：首先，化學物的固態、晶體結構分解；接著，水與分解的化學物發生化學反應。第一步永遠具有冷卻效應，而第二步則具有加熱

效應。

　　如果第一步的冷卻超過第二步的加熱，例如硝酸銨的情況，整體的效應就是冷卻。如果是相反過來，例如氯化鈣或者硫化鎂的情況，整體的效應就是加熱。而鹽與糖的兩個步驟大致相等，所以相互抵消而使得溫度變化極小。

知 識 補 給 站

固態晶體溶解在水中的兩個步驟為何？

晶體是粒子在三度空間剛性的幾何排列。何謂粒子？這要視我們所談的物質而定。這些粒子可能是原子、離子（帶電的原子），或者分子。現在我們先簡稱它們為粒子。

第一步：為使粒子能在水中自在游動，必須先將它們從晶體內的固定位置釋放出來。我們會透過某人或某物的猛力鎚擊以敲散結構，而敲散任何剛性的結構都需要消耗能量。所以，在分解晶體結構時必須從水借來一些能量，於是水就冷卻了。

第二步：獲得自由的粒子並非遺世獨立游來游去。它們與水分子間有著強烈的相互吸引力（頁 68）。如果缺乏吸引力的話，它們在一開始就沒興趣溶解。所以，只要它們一進入水裡，就會遭到水分子的攻擊。水分子衝上來圍住它們就像浮動磁鐵圍繞著潛水艇；當磁鐵（或者分子）受到某樣東西吸引時，它們會衝向目標並消耗能量，而這個能量就會使得水加溫。

現在的問題只在於何者的效應較大：固體分解的冷卻效應或者粒子與水分子相吸的加溫效應。如果冷卻效應較大，總效應將是固體溶解時水會變得更冷。硝酸銨的溶解效應屬於此類。如果加熱效應較大，總效應將是固體溶解時水會變得更熱。氯化鈣與硫化鎂的溶解效應則為此類。

鹽和糖？這兩種效應恰好接近相等，所以互相抵消了。因此鹽或糖溶解在水裡時幾乎沒有淨冷卻或者加熱效應。但其實，鹽──氯化鈉──在溶解時確實稍微使水冷卻。

趣味小實驗

硝酸銨是常用的肥料，而氯化鈣則是常用的乾燥劑（用來消除衣櫥與地下室的濕氣）。一般而言，我們可以輕易地在住家或農場上找到這些東西。把硝酸銨放在水裡攪拌，水會變得很冷；把氯化鈣放在水裡攪拌，水則會變得很熱（不要蓋上蓋子也不要搖晃，因為熱力可能使液體飛濺）。進行本實驗時，只需在一杯水裡放兩茶匙這種固體即可。

「凍傷」也算是一種「燙傷」嗎？

誰發明這個可笑的錯誤名稱 ——「冷凍燙傷」
（freezer burn）？遭到「冷凍燙傷」的食物究竟
發生什麼事？

　　它當然是個錯誤的名稱，但不算太差。仔細看看存放在冷凍櫃裡以備不時之需的那塊陳年豬排，它乾枯且皺縮的表面難道看起來不像被燒灼過嗎？信不信由你，燒灼不只代表熱，它也同時意味著枯萎或乾燥。而這正是冷凍櫃對豬肉做的事——使它乾燥。

　　寒冷如何使食物乾燥並且枯萎？請注意那塊被遺忘的豬排：上面的「燙傷」看起來既乾燥且焦枯，水分似乎都被吸掉了。事實確是如此。不過，冰凍食物裡的水分是以什麼狀態存在呢？對，就是冰的狀態。所以我們被迫得到結論：當這塊討論中的無助豬排在冷凍櫃中凋萎的時間比你所以為的還要久時，某種東西正從它的表面取走冰分子（那當然也就是水分子）。

　　但堅守在固態冰晶體裡的水分子怎麼會被移到其他地方？原來，只要情況允許，它們就會遷移到氣候更適宜的地方居住。對於水分子而言，那意味著盡可能寒冷的地方，因為那是水分子能量最低的地方。當其他條件相同時，大自然總是為它的小粒子找到能量最低的地方

（你可以藉著加熱而趕走水分子，對吧？）。

　　如果食物上的包裝不能絕對封住水分子，來自食物表面冰分子的水分子就會穿透它或繞過它，並進一步遷移到任何更寒冷的地方，例如冷凍櫃的內壁。總之，水會離開食物並被冷凍櫃的除霜裝置排除。於是食物表面會變得乾枯、起皺，以及褪色。

　　這當然不會在一夕之間發生。這是個緩慢的過程。另外，若藉由不透水性的材質來包緊食物，可使食物乾燥的程度減緩到近乎零。某些塑膠膜的效果較其他種來得好，而最棒的塑膠膜就是真空密封的厚塑膠袋。因為除了不易使水氣透過外，它們與食物之間不會留下空隙。如果包裝內部有任何空隙，水分子就會遷移到包裝的內側並形成冰。箇中原因與它們一遇機會就跑到冷凍櫃內壁是一樣的。你的豬排仍會被「冷凍燙傷」。

　　【第一條守則】
　　長期保存食物並減少冷凍燙傷的方法：
　　①使用不透水性的冷凍櫃專用包裝材料。
　　②將食物包得很緊，不要留下空氣。

　　【第二條守則】
　　當購買已經冰凍的食物時，注意包裝內是否含有冰晶體。你想那些水是從哪裡來的？對，從食物來的。所以它不是因為存放太久而「燙傷」，就是它曾經解凍而且流出食物汁液後又再度被冷凍。快到別家去買。

問題
8

磨碎的牡蠣殼可以做成好的鈣類補品嗎？

健康食品貨架上有一半的鈣補品似乎是磨碎的「天然牡蠣殼」。牡蠣殼的鈣比其他的鈣好嗎？

　　如果葛楚・史坦（Gertrude Stein）[2] 是化學家，她或許會說：「是碳酸鈣的碳酸鈣就是碳酸鈣。」

　　蚌與牡蠣的殼當然是由碳酸鈣所構成。但就化學而言，不論補品瓶子裡的碳酸鈣源自牡蠣養殖場或石灰石的礦床，其本質並未有任何差異。任何一種都不比另一種更「天然」（不論那是什麼意思）。但由於牡蠣在牠們的殼裡加進一些非礦物的物質，所以其他來源的碳酸鈣可能更純一些。

　　除了碳酸鈣之外，鈣補品也會以其他的化學形式販售（看標籤）。但若以相同的重量比較，其他形式的鈣含量則遠低於碳酸鈣。你要的是真正的鈣元素，而不是其他東西。事實上，碳酸鈣的重量中有 40% 是鈣，檸酸鈣的重量中有 21% 是鈣，乳酸鈣的重量中有 13% 是鈣，而葡萄酸鈣的重量中只有 9% 是鈣。

註 [2] 美國前衛女作家（1874～1946），著有《柔軟鈕釦》（*Tender Buttons*）等書。她曾寫過：「是玫瑰的一朵玫瑰就是一朵玫瑰（A rose is a rose is a rose is）……」的名句。

味精為什麼能讓食物更美味？

MSG 究竟是什麼？它對食物做了什麼？它雖被稱為「味精」，但僅是添加某種物質到食物裡去，怎麼可能不分青紅皂白地改善任何味道？

　　這確實聽來奇怪，不過其中真的有些門道。

　　使 MSG 故事難以下嚥之處在於它的名稱所造成的誤導：「味精」不是藉著改進食物的味道而使味道更好；也就是說，味精不會使任何東西嘗起來更好吃。它們的作用是加強或放大已經存在的味道（不論那個味道是可口、無所謂好壞，或根本令人反胃）。食品加工業寧願叫它們「潛力發揮劑」，而我們則叫它們「味道增強劑」。

　　味精是怎麼發生作用？某些味覺專家用「聚能」來解釋：兩種東西同時作用的效應大於它們單獨作用的效應總和。換句話說，整體大於各部分的總和。味道增強劑本身可能只有很少（或者沒有）味道，但是當它與有味道的食物混合後，食物的味道就會讓人覺得更強烈。

　　研究人員仍在設法找出箇中原因：味道增強劑是如何欺騙我們的味蕾？它又是如何給我們更強的感覺？其中一種理論是：味道增強劑讓某些味道分子黏在舌頭的接受區更久或者更緊密。味道增強劑似乎特別善於增強

鹹味與苦味。

　　MSG 是麩胺酸鈉的縮寫，它是構成蛋白質的胺基酸之一——麩胺酸的衍生物。不過它不是唯一的味道增強劑。另外還有兩種相同作用的化學物，在業界分別被稱為「5'-IMP」與「5'-GMP」（化學家稱它們為「5'-次黃嘌呤核磷酸二鈉」與「5'-鳥嘌呤核磷酸二鈉」）。這三者都是蕈類與海草類植物裡的天然胺基酸衍生物。

　　早在幾千年前人類就已知道這些植物性的物質會使味道更加鮮明。舉例來說，傳統上日本人會在清澈、優雅的湯裡添加昆布，因昆布會使湯頭更加美味。日本是世界上純 MSG 的主要生產國。純 MSG 是幾十年來成噸售賣的白色結晶粉。它主要的用途在於製造加工現成食品，不過中國餐館時常使用它做為烹調的佐料。

　　但因為有些人在食用 MSG 後會發生不適反應，所以近年來 MSG 也遭致某些批評。所有的證據似乎都指出（如果這可以稱做是問題的話）：問題出在有些人對 MSG 超級敏感，而不是 MSG 天生有害（除非食用過量）。但任何東西只要食用過量幾乎都會造成傷害。

　　FDA（美國食品藥物管理局）尚未明文要求食品標籤分項列出 MSG 含量。但你可能在即食湯包或零嘴的標籤上看見它或它的表親躲在許多別名後面，例如：Kombu extract、Glutavene、日本產品 Aji-no-moto，以及被水解的植物性蛋白質——這種植物蛋白質被分解成包括麩胺酸在內的胺基酸成分。

　　酵母裡可以淬取出許多其他種類的味道增強化合

物。有一家公司製造並銷售種類超過兩打以上、以酵母
為基礎的「味道改良劑」。這種改良劑能增強牛肉、雞
肉、乳酪、鹽等食材的味道。它們被列在成分標籤上的
名稱包括「酵母精」、「酵母營養素」，或者「天然調
味素」。不過嚴格來說它們並不具味道。但在另一方
面，它們也不是 MSG。

問題
10

吃「帶血」的生牛排真的會吃到血嗎？

我喜歡吃很生的牛排。但對於那些自以為是且嘲笑我吃「帶血」牛肉的傢伙，我該說些什麼？

用不著說什麼，只要微笑，因為他們錯了。

他們偏好吃很熟的牛排未必是錯事（雖然許多人辯稱這樣的行為已構成重大犯罪），但他們錯在稱呼你的牛排「帶血」。事實上，牛排裡面幾乎完全沒有血。

你可以禮貌地提醒他們，血只是循環在活體動物血管裡的紅色液體。我不是要使人作嘔，但牛隻在屠宰場裡剛被屠殺時，除了困在心臟與肺臟裡的血液外，幾乎全部的血都會被立刻放掉。我們熱切地希望你與你的朋友對於牛心與牛肺沒有太大興趣。

當你點一客牛排時，你點的是肌肉組織而不是循環系統的一部分。血液呈現紅色是因為它含有血紅素（一種可攜帶氧氣的蛋白質）。但是肌肉呈現紅色則是因為一種叫做肌紅蛋白的化合物（這是種在肌肉裡面儲存氧氣的蛋白質，為的是快速提供運動時所需的氧氣）。這兩種化合物都是紅色的，而且加熱之後都會變成褐色。看來這真是種巧合（老實說，大自然沒有真正的巧合。事出必定有因。而這裡則是因為血紅素與肌紅蛋白都是相似的含鐵蛋白質）。

因為各種動物在肌肉儲存氧氣以供爆發能量的需要不同，所以牠們的肉含有不同量的肌紅蛋白。豬肉（那些懶惰的豬！）含的肌紅蛋白比牛肉少，雞肉含量少於豬肉，而魚肉則更少（頁 78）。所以有一些肉是紅色的，還有一些則相對比較白。記得要求你的朋友以血的觀點來解釋看看。

Tips　「帶血」的生牛排裡面沒有血。

問題
11

瓶裝番茄醬要搖一搖才容易倒出來？

這是古典力學的問題：「什麼是將番茄醬弄出瓶子的最好方法？」

大衛・賴特曼（David Letterman）[3] 曾有一次令人難忘的演出：他緊握住瓶子的底部，然後像牛仔套牛索一樣在頭頂上方揮舞旋轉。當然，番茄醬會四處飛濺。但你只是問如何把它弄出來，不是嗎？

有一種方法是毫無希望的，但我們總在餐廳裡看見有人這麼做：猛拍瓶底。這樣的做法只會使牛頓先生在他西敏寺大教堂的墓穴裡氣得翻身。牛頓爵士教會我們（或者至少他以為他教會大家了）他的三大運動定律，而這些同時也是支配物體如何運動的力學基本定律。如果他知道番茄醬的存在（在他於 1727 年逝世前後，番茄醬才傳到英格蘭），他應該會發表第四定律：「凡猛拍番茄醬瓶底者，只會使瓶子更緊密地靠近番茄醬。」或者依照牛頓的說法：「每個作用力都有等大且反向的反作用力。」所以，猛拍瓶底只是使番茄醬更緊密地進入瓶子（恰好與你想要達成的事相反）。

另一方面，賴特曼的方法是合乎牛頓力學的，因為

註 [3] 美國脫口秀節目名主持人。

你對瓶子與番茄醬都施加了離心力。不過，（我們希望）當你使番茄醬順著向外的力量自由移動時，你能緊緊握住瓶子。

接下來，牛頓爵士將告訴你兩個不會引起太多注意就能把番茄醬弄出瓶子的方法。

第一種，你可以稍微修改離心力。先水平握住瓶底，接著向下旋轉手腕並使瓶口畫出短短的圓弧（約四分之一圓周）。正如同賴特曼的做法，番茄醬會承受從圓心向外的離心力，並從瓶口向外移動。我們誠懇希望這個方向是對著你的盤子而不是一同進餐的人。如果你畫的圓弧高於盤子太多，那就真有可能發生如後者般的不幸狀況。

趣味小實驗

牛頓建議的第二種方法較為安全：倒番茄醬時，短促、向下地沿著軸線方向甩振瓶口朝下的瓶子；目標正對盤子，但是在即將觸及前停止。

在第二種建議中（頁 172「趣味小實驗」），瓶子裡的番茄醬會被「騙出來」。雖然瓶子已經停下來，番茄醬仍會繼續朝向盤子運動；就像汽車撞上電線杆後，駕駛人仍向著前窗玻璃運動。或套用牛頓爵士的說法：「運動中的物體將繼續運動直到撞上前窗玻璃。」

若是新的或重新裝填的番茄醬（餐館會那樣做），記得先將餐刀伸進瓶子轉動，並藉此攪鬆番茄醬。

現在只剩下一個問題了：坐在餐桌旁的你可能沒有足夠距離好好地、迅速地在盤子上方甩振瓶子。那就站起來吧！

為什麼食用油要添加氫？

人造奶油與某些食物包裝的成分表上常可看見「部分氫化的植物油」一詞。如果油必須經過氫化，不論那是什麼意思，為什麼只是部分氫化？

「氫化反應」指的就是把氫加到某種東西的過程。氫是所有已知物質中最輕的，但矛盾的是，氫化會使油變得更稠且更接近固態。如果我們進行完全的氫化，油會變成如同蠟燭般的固態，而這將使你的人造奶油變得難以塗抹。

不論是來自植物或石油，油脂是由在兩原子間擁有「鍵結空隙」的分子所構成——這種「鍵結空隙」不是空間裡的真正空隙，而是某些沒有完全利用的化學結合力（行話：雙鍵）。在分子裡的這些「鍵結空隙」中，原子無法完全滿足與其他原子結合的渴望。所以，只要有其他適合的原子靠近，這些原子會以尚未使用的結合力捕捉別的原子（行話：這些沒有填滿的分子叫做「不飽和」。如果分子裡只有一個地方沒填滿，那就叫做「單一不飽和」）。

氫原子是這些還沒填滿的分子滿足鍵結慾望的完美候選人。氫是一切原子之中最小的，所以能夠擠進複雜分子之中任何需要氫的地方，尤其在受到高壓壓迫時更

是如此，而這也是使油氫化的方法。氫原子藉著填補空隙來完全滿足分子想要形成化學鍵的渴望（行話：完全鍵結的分子稱做「飽和」）。

　　但這對油有什麼影響？一旦補足鍵結空隙後，飽和分子會因更有彈性而變得更緊密（行話：雙鍵比較剛性）。因此，它們可以在固態形式裡靠得更緊，而且在加熱時保持固態比較久。換句話說，它們在較高的溫度時才會熔化（當某一種油在室溫時恰好是固態，我們就稱它是脂肪而不稱做油。事實上，不論是液態或固態，它們的技術用語都是脂肪）。

　　我們想要使植物油呈現半固態化以做為可供塗抹的人造奶油，但我們也不希望人造奶油太硬。剛才說的蠟燭不是開玩笑的。蠟燭裡的石蠟就是完全飽和油脂的混合物，只不過它們來自石油而不是植物種子。

　　一般而言，植物油分子大部分是不飽和的，而且在室溫時呈現液態；但動物脂肪則大部分屬於飽和，而且呈現固態。植物油含有大約 15% 的飽和分子。為了製造人造奶油，它們被部分氫化到 20% 飽和。而奶油大約是 65% 飽和。

　　不飽和油脂會在相對較低的油炸溫度中分解並冒煙。另外，因為空氣裡的氧能進入原子間的空隙並侵襲它們，所以它們也容易變酸。但氫化使油更穩定，原因是氫原子堵住空隙。

　　以上所提為氫化的好消息。壞消息是飽和脂肪似乎提高人類血液的膽固醇並增加罹患心臟病的風險。為了

維持最少量的飽和脂肪，食品製造商正進行永不停止的
奮鬥；唯有如此，他們才能吹噓自身的產品是多麼地有
益健康，同時又將油類氫化到人們想要的特性。

問題
13

乾冰為什麼是乾的？

乾冰為什麼是乾的？圍繞它的煙霧是什麼造成的？

那不是煙，而是霧。雖然乾冰是純二氧化碳，霧本身卻不是某些人以為的二氧化碳。圍繞乾冰的霧氣是純水；水是被乾冰的低溫從空氣的天然濕氣裡凝結而來。

乾冰是固體形式的二氧化碳，正如一般的冰是固體形式的水。水在華氏 32 度（攝氏 0 度）時凝結成固體，而二氧化碳則要到華氏零下 109 度（攝氏零下 78.5 度）才會變成固體。因此，凍結的二氧化碳（乾冰）比凍結的水冷得多。

一般的冰是濕的，原因是它熔解時會變成液態水。乾冰之所以是乾的，原因在於它不熔解。它會直接變成氣體而不必先變成液體。在正常的大氣壓力下，二氧化碳無法以液態形式存在。當它發現自己處於更不天然的固態乾冰形式時，它就盡可能地直接恢復成氣態。

二氧化碳以氣體形式存在時最為自在，原因是分子在氣體裡能夠盡可能地相互遠離；更何況二氧化碳分子彼此之間並不相互喜歡，也就是它們不像水分子那樣樂於聚在一起（頁 132）。當液體裡的分子上下左右、相互溜來溜去時，或多或少總會聚在一起。但二氧化碳就是沒有足夠的聚集力以形成液體，除非你強迫它們靠近到除了相互聚集之外別無選擇的地步。換句話說，二氧

化碳氣體只有在高壓之下才會變成液態。在全國各地四處運送的二氧化碳高壓鋼瓶中，二氧化碳就是以液態的形式儲存。

二氧化碳滅火器的成分就是液態二氧化碳，並用附有控制閥的鋼瓶儲存。只要握壓扳機即可釋出壓力，而二氧化碳亦會從噴嘴裡猛衝出來。它以極低溫的氣體形式衝出，當中並混合著固體二氧化碳的「雪花」（見本篇「知識補給站」）。如果你能在雪花氣化前收集足夠的量並捏成「雪球」，那你就可以得到一塊乾冰。再把這個規模擴大，就是將液態二氧化碳製造成乾冰的方法。滅火器以兩種方式作用：寒冷將溫度降到燃料的燃點之下，同時，因為二氧化碳比較重，所以能夠推開氧氣並使火燄窒息（頁141）。

在拍片現場，乾冰最常被用來製造霧氣。因為它是由浮懸在空氣中的微小水滴構成，所以是真正的霧。但是你一眼就能看穿騙局，因為乾冰形成的水滴很冷，所以霧氣就像地毯般地躺在地上（除非用鏡頭外的風扇吹動它）。另一方面，大自然中的霧則是幾乎靜止地懸在空中。

電影也用乾冰模擬大鐵鍋裡沸騰的水。只要丟幾塊乾冰到水裡，當固態二氧化碳變成氣態二氧化碳時，氣體如同充滿霧氣的泡泡般不斷上升，而在水面破裂的泡泡看來就像真的水蒸氣。但如果仔細看，你一定也看得出那是假的。因為霧氣裡的微小水滴會反射光線，所以水蒸氣看起來是白色的，但真正的蒸氣是由較大且幾乎

透明的水滴形成。不僅如此，因為熱氣上升，所以真正的蒸氣會直接上衝，而乾冰的霧總低懸在鐵鍋上方。

　　既然我們在談電影的造假，那麼那些受到暴風雨吹襲的船是怎麼回事？它們是以慢動作在大水槽裡拍攝的小模型嗎？有一種保證有效的方法可以看穿它：注意洶湧波濤的水滴大小。如果它像船隻舷窗或者大砲彈丸一般大，那鐵定就是水槽裡的模型。水根本不會形成像彈丸一樣大的水滴，除非那艘船上的彈丸和玩具氣槍的子彈一樣大。

知識補給站

即使二氧化碳滅火器已擺了好幾個月，為什麼它噴出的雪花狀氣體依然那麼冷？

當鋼瓶裡的液態二氧化碳轉變成氣態二氧化碳時，它冷到足以使某些二氧化碳凍成「雪花」。但究竟為什麼會這樣？其實，原因在於我們讓壓縮的二氧化碳進入室內時，它發生了膨脹。膨脹中的氣體會自動變冷嗎？是的，它們會，原因如下。

迅速膨脹的氣體分子擁有吹走東西的力量，不是嗎？使用滅火器時請務必謹慎留意，不然的話，滅火器所噴出的強力氣流會將仍在燃燒的火焰吹到隔壁縣市去。所以，膨脹氣體的分子能夠藉著撞擊物體的分子而吹走物體——即使那個物體只是空氣（難道還有別的物體可供撞擊？）。

當氣體分子撞上物體的分子時，它們耗掉一些自己的能量

並且降低速率；就像撞球撞擊另一個球之後會運動得比較慢。運動較慢的氣體分子意味著溫度較低的氣體分子（頁311）。

滅火器裡的二氧化碳處於極大的壓力。當你將它釋放到室內，它會大量地膨脹，並伴隨著相對應的大幅度降溫。

果凍是豬皮做的嗎？

有人試圖說服我一件事：在孩童時代，那些清澈、閃爍、光亮、誘人的果凍是用豬皮、生牛皮、骨頭與蹄子製成的。噁心！那有可能是真的嗎？

　　當然不是。果凍只用到皮與骨頭，可沒用到蹄子。果凍與類似的甜食是用 87% 的糖、9 ～ 10% 的明膠，以及調味劑與著色劑製造的。小孩子喜歡這種玩意兒有三個理由：顏色亮麗、很甜，而且會扭動。而母親毫不介意孩子食用的原因在於：明膠是純蛋白質。

　　會扭動的當然是明膠，它真的來自豬皮、生牛皮以及牛骨。不要再尖叫了，每次你煮的湯或高湯在冰箱裡凝成膠狀時，你早就用雞皮與牛骨造出明膠了。

　　脊椎動物的皮、骨與結締組織中含有叫做膠原的纖維狀蛋白質。但蹄子、毛或者牛角之中則不含膠原。當使用熱酸（通常是鹽酸或硫酸）與鹼（通常是石灰）處理時，膠原轉變成明膠（一種溶於水但稍微不同的蛋白質）。接著明膠被溶進熱水裡，煮掉水分並且純化。

　　你不會想觀看（或者嗅聞）純化過程的初期階段。雖然在離開工廠時，明膠已經經過各個階段的徹底清洗（以除去酸或鹼）以及最後階段的過濾、去離子化（一種除去化學雜質的方法）與消毒。明膠離開工廠時是淡黃色、硬脆、塑膠般的帶狀、細條、片狀或者粉狀的固

體形式,但當固態明膠浸在冷水裡,它就會開始吸水膨脹;然後當水被加熱時,它就溶解成黏稠液體,並在冷卻後凝成膠狀物。

　　身為蛋白質,明膠明顯是有營養的,不過它並不是營養學家所說的完整蛋白質。它最有趣的是溶解在水裡後遇冷成為凍膏狀,遇熱又成為液體。它真的是「在你嘴裡熔化」。而這也是它賦予甘貝熊軟糖的主要特性,因其黏性來自於 8% 或 9% 的高含量明膠。猜猜看,是什麼東西使得小白球能夠黏附在好吃無比的巧克力糖果上?對,用做黏著劑的明膠。

　　美國製造的大部分明膠(每年超過 1 億磅)是以甜點形式被吃掉。但你偶爾也會在濃湯、奶昔、果汁、罐頭火腿、乳製品、冷凍食物、糕餅填充劑或糖衣裡找到它。但是這種獨特物質不只用在食物,那些兩截式的裝藥膠囊也是明膠製造的(大約 35% 的明膠與 65% 的水)。另外,火柴棒的頭部則是以明膠黏著劑黏住的化學混合物。

　　攝影時也會用到明膠。膠卷或者相紙上薄薄的感光塗層就是用含有感光物質的乾燥明膠製成。自從明膠在 1870 年初次使用在攝影術以來,人類還沒找到比它更好的物質。而當我們知道太空人也是使用由動物的皮與骨所製成的原始物質拍相片時,豈不讓人覺得窩心嗎?

為什麼魚會有腥味？

為什麼魚會有魚腥味？

　　這或許聽來是個傻問題，但它有幾個有趣的答案。人們通常會忍受市場與餐廳中帶有一股魚腥味的魚，因為他們心裡想，它還能聞起來像什麼呢？但事實上，魚完全不是非要聞起來像魚──真正新鮮的話就不會。

　　如果魚類與貝類離開水面僅僅兩小時，牠們幾乎不會有任何氣味。或許牠們會有一種清新的「大海氣味」，但一點也不會讓人覺得不愉快。只有當海產開始腐敗時，才會產生那股魚腥味，而且魚肉比其他肉類腐敗的速度要快得多。

　　魚肉（魚的肌肉）由蛋白質構成，但其蛋白質種類不同於牛肉或雞肉（頁 78）。它不僅在烹飪時更快分解，在酵素與細菌侵襲下也更是如此。換句話說，它腐敗得更快。那股魚腥味是來自腐敗的產物，尤其是阿摩尼亞、各式硫化物，以及胺基酸分解後所產生的名為「胺」的化學物。

　　人類的鼻子對這些化學物非常敏感。在魚肉變得有礙健康而無法食用之前很久，人類早已聞到那種氣味。所以輕微的魚腥味只是指出魚肉不盡新鮮或可口，但是未必危險。

　　胺與阿摩尼亞是會被酸類中和的鹼類。那就是為什

麼含有檸檬酸的檸檬片時常與魚肉一起上桌 [4]。測試海產是否新鮮的最準確方法，就是在購買前盡可能禮貌地要求聞一聞。不過在某些標準很高的地中海地方市場，這可能會被認為是嚴重的侮辱。

魚肉比其他肉類更快腐敗的第二個原因是，大部分魚類在野生狀態時都有大魚吃小魚的不友善習慣（水面之下是弱肉強食的叢林）。牠們因此具有對消化魚肉時極為有效的消化酵素。在魚類被捕捉之後，如果因為粗暴處理而使某些酵素跑出腸胃，它們就會迅速對魚肉本身發生作用。這就是為什麼挖掉腸胃的魚比整條魚保存得更久。

第三個原因，魚類體內與表面的腐敗細菌比在陸地上的細菌強效。原因是它們天生被設計成在寒冷的大海中發生作用，所以只要稍微加溫，它們就更囂張了。為了阻止它們進行齷齪的工作，比起保存溫血動物的肉類，我們必須動作更迅速且更徹底地冷凍魚類。

所以冰是漁人的最愛（許多許多的冰）。冰不僅能降低溫度還能避免魚類變乾。即使是死了之後，魚類也不喜歡變乾。

第四個原因，一般而言，魚肉比陸地動物的肉含有更多的不飽和脂肪（頁 174），而這也是我們在這個膽

註 [4] 如果你買的干貝聞起來稍有腥味，那麼不妨在烹飪前用檸檬汁或醋沖洗看看。但請不要浸泡，因為干貝會像海綿一樣吸水；當你想以烤或煎的方式烹調時，它卻會像是蒸過的口感。

固醇恐慌時代珍視它的原因之一。但是不飽和脂肪比牛
肉裡那些美味的飽和脂肪更快變酸（氧化）。脂肪的氧
化使它變成氣味惡劣的有機酸，所以它們會更增加令人
不快的氣味。

　　如果你走進聞起來魚腥味很強的海產餐廳——趕快
離開去找最近的漢堡餐廳！

不同酒類的酒精度是怎麼算出來的？

葡萄酒與威士忌標籤上用「度」與「體積百分比」來說明酒精強度。「度」這個字是怎麼來的，「體積百分比」指的又是什麼意思？

「度」這個用字創造於 17 世紀，當時的人證明或測試威士忌酒精含量的方法，就是將它沾濕火藥並且點燃它（不是瞎掰）。緩慢、均勻的燃燒代表大約 50% 左右的酒精。如果酒摻了水，火燄就會跳動閃爍。

在今天的美國，50% 的酒精（體積而言）被定義做 100 度，所以度數永遠是酒精百分比的兩倍。例如：86 度的杜松子酒含有 43% 體積的酒精（英國的系統有些不同，100 度的定義是 57.07% 體積的酒精。箇中原因解釋起來就太痛苦了）。

如果手邊沒有火藥，我們如何表達酒類裡面的酒精含量？明顯的方法是引用百分比：如果這種飲料恰恰有一半的酒精，我們就稱它含有 50% 酒精。但某個聰明的傢伙可能會要問：「什麼東西的 50% ？你是說這種酒 50% 的重量是酒精，還是 50% 的體積是酒精？」於是我們也搞不清楚什麼才是答案了；因為重量百分比與體積百分比可能很不相同，尤其是談到酒精與水的時候。其中有兩個原因。

首先，酒精比水輕。用行話來說，它們擁有不同的「密度」。1 品脫純酒精的重量只有 1 品脫純水的 79%。假如我們想調製一半酒精一半水的混合物，我們必須稱出相同重量的（磅或公克）這兩種液體並混合它們。我們將會發現：必須使用體積比水大的酒精才能完成這個任務。就重量而言，混合物當然是 50% 的酒精，但就體積而言，它將多於 50%（大約會達到 56%）。

現在猜一猜飲料製造商選擇在標籤上引用哪一種百分比？對，就是使酒精含量顯得高一點的那一種——體積百分比。稅金通常以酒精百分比為基礎，所以這一招對稅收當局也有利。

選擇體積百分比來衡量葡萄酒與烈酒的第二個原因在於：酒精與水混合時會發生很不尋常的事。最終混合物的體積將小於原來兩部分體積的總和。換句話說，這些液體會收縮。把 1 品脫酒精與 1 品脫的水混合，您只會得到 1.93 品脫的混合液（而不是所預期的 2 品脫）。因為水分子與酒精分子相互形成氫鍵（頁 133），這使它們比單獨存在的純酒精與水更緊密地靠在一起。

正如你所想像的，這搞砸了體積百分比的觀念。究竟是混合之前的體積百分比，還是混合後的最終體積百分比？飲料製造商決定使用較小的體積——混合後的體積。當然，這是很適當的，因為我們買的產品就是已經混合的。但如果你不是太害怕這個數學挑戰的話，你會迅速地意識到這種計算方法將會得出更高的酒精百分比。若使用飲料製造商的方法計算，我們以重量稱出的

50% 的混合液將會在標籤上以大約 57% 的體積百分比
標示。

知 識 補 給 站

如何斷定一杯飲料裡有幾公克酒精呢？

將飲料裡的酒或者葡萄酒的英兩數字乘以酒精體積百分比
（度數的一半），然後再乘以 0.233，得到結果就是飲料
裡的酒精公克數字。例如，一杯 1.5 英兩的 80 度威士忌
含有 14 公克的酒精（1.5×40×0.233 ＝ 14）。

Tips　　我們不但能混合 1 品脫酒精與 1 品脫水，還可以得到酒精體積百分
比超過 50% 的混合液。

第 5 章

蟋蟀先生， 今天氣溫幾度？

關於戶外生活的 18 個科學謎題

請和我一起走到戶外觀看外面的世界。觀察空氣、天空中的太陽、雲，感歎它們全都如此奇妙。像空氣這樣若有似無的東西怎麼可能對我們施加「大氣壓力」？為什麼太陽在一天中的某些時段令人感覺比較熱？為什麼有些雲朵是黑的？為什麼下雪的時候空氣會變得比較暖？如果你曾經去過海灘，是否也曾納悶過，不論海岸線朝向東、南、西、北，為什麼海浪總以相同方式翻滾進來？套句查爾斯・杜德利・華納（Charles Dudley Warner，不，他不是馬克吐溫，只是曾經與馬克吐溫合寫小說）的說法，沒有人能改變天氣，但是我們當然能談論天氣。而比談論天氣更棒的是，我們能夠藉著密切觀察天氣來想通其中的道理，進而了解天氣。在這一章裡，我們要歷經陰、晴、風、雪，而且還要評述一些人為的戶外現象，例如：自由女神與 7 月 4 日的美國國慶煙火。

有　　　趣　　　的　　　謎　　　題

1. 為什麼海邊總會吹來徐徐涼風？
2. 為什麼湧向岸邊的波浪總與海岸線平行？
3. 為什麼中午的陽光最容易曬傷？
4. 能由樹蔭下的溫度算出馬路上的溫度嗎？
5. 自由女神像為什麼是綠色的？
6. 為何空氣是透明的？
7. 為什麼是用水銀柱的高度來計算壓力？
8. 為什麼晴天的雲是白的，雨天的是黑的？
9. 蟋蟀先生，今天氣溫幾度？
10. 為什麼玻璃做的溫室可以保暖？
11. 雪人怎麼不見了？
12. 為什麼快要下雪前，反而感覺比較暖和？
13. 人造雪是怎樣做出來的？
14. 為什麼雪可以做成雪球、堆成雪人？
15. 煙火為什麼會有這麼多種顏色？
16. 為什麼氣球會往天上飛？
17. 充滿氣的飛船如何克服熱脹冷縮？
18. 為什麼太空梭返回地球會遭到高溫洗禮？

為什麼海邊總會吹來徐徐涼風？

我每一次去海邊的時候，好像都有涼風從海上吹來。那純粹是我的想像，或是海邊有什麼特性使它天生就比較涼爽且多風？

你是對的。「海風」不只是上千家海灘汽車旅館的名稱而已，它也是從海上吹進來的風，並因此使海邊至少在下午時分變得比內陸涼爽，而這剛好是大部分人想要消暑的時候（頁 196）。涼風在白天幾乎不變地從大海吹向內陸，而不是反方向吹。海風在日出之後幾小時開始，在下午的中段達到高峰，然後在向晚時分減弱。

以下就是原因。

太陽從早晨開始照射陸地與海洋，因為海水既廣大又涼，所以吸收熱能的胃納很大，於是它被太陽加溫的程度很低微，海水吸收許多熱卻還上升不到 1 度。另一方面，陸地卻受到太陽大量加溫，土壤、植物葉子、建築物、道路等，相對比海水易於加溫（行話：它們的熱容量相對於水比較低）。隨著陸地的溫暖，也同時使地面上方的空氣變暖，於是，空氣開始膨脹而上升。因為水面上方的空氣比較涼爽且濃密，於是從暖空氣的下方湧進來、掃過海灘，因而使海灘上的遊客感覺涼爽。

不只是因為海風溫度比較涼，即使不考慮這一點，

海風仍然會因為汗水蒸發而讓流汗的人群感到涼快（頁
240）。

為什麼湧向岸邊的波浪總與海岸線平行？

不論海岸線朝什麼方向，為什麼海邊的浪頭線總是與海岸平行？

　　海浪知道自己靠近海岸，而且會轉向與海岸平行。造成海浪的當然是吹過水面的風。但是風不可能總是把海浪直直吹向海岸，在大海上的風可能吹往各個方向。我們在海邊看到的只是那些或多或少大致朝著我們而來的浪。不論如何，大部分海浪是斜斜地而不是直直地接近海岸線。信不信由你，接著發生的事是，靠過來的海浪會「感覺到」海岸，所以會在裂成浪花前轉變方向並正對海岸。於是，當浪花裂開時，泡沫線就會平行於海岸線了。

　　當然問題是，海浪怎麼知道自己正在靠近海岸？而且是什麼使海浪轉向？

　　當一波海浪 —— 把它想像成海面上寬廣的突起物 —— 還在深水區時，沒有東西限制它，它隨風走向任何地方。但是當它進入較淺的水域，海浪的下半部開始被絆在海底，海浪逐漸慢下來。這就是它正在接近海岸的線索，而且那個「知識」賦予它應該的前進方向。

　　假如我們騎在斜向進入的浪頭上，海岸線在左方，這一波海浪最先抵達淺水區，而且碰到海底的部分就是

海浪的左端，因此左端率先慢了下來，但是中段與右端仍然以相同速率繼續前進，所產生的效應會使海浪向左轉──朝向海岸（這和左輪卡住的超市購物手推車總是轉向左邊是一樣的）。這種阻力與減速現象隨著海浪愈來愈多的部分感覺到阻力而由左端向右端傳播，整條海浪於是逐漸轉向左方。它的浪頭線現在與海岸平行伸展，那就是海浪靠近海岸到足以裂出浪花之前的方位。

　　裂出浪花的原因也是相同的底部阻力效應。在海浪與海岸排成平行之後，海浪終究會碰上很淺的水而使它的底部減速極多，以至於海浪頂部跑到前面而且向下、向後翻捲。海浪頂部衝擊式落下，沿著整條海浪的全長攪起泡沫線（泡沫線也與海岸平行）。

趣味小實驗

下一次你飛過彎曲的海岸線時，注意觀察，不論海岸線朝向何方，裂開浪花的白色泡沫線總是與海岸平行。

為什麼中午的陽光最容易曬傷？

為什麼有人說最容易曬傷的時間是在上午十點到下午兩點間？當然，那時的太陽位於正上方，但為什麼正上方的太陽較強？中午時分的太陽並不是距離我們比較近，難道是嗎？

不是，太陽與地球之間的距離是 9300 萬英里，才不會在意我們的午餐或坐息時間表。在一天中，太陽與你迅速曬紅的鼻子間，距離基本上是相同的。但陽光的強度會因兩個原因變化：一是大氣層，另一個是幾何。

把地球想像成一個球體，周圍覆蓋了 200 英里厚的空氣（大氣層）。當太陽位在正上方時，陽光垂直於大氣層並向下照射到地面，穿透了最小厚度的大氣層。但是當太陽低懸天空時，它的光線是斜的，而且以些微水平的角度來照射我們，因此必須穿過比較厚的大氣層，然後才會抵達我們身上。因為大氣層會散射且吸收一些陽光，所以陽光須穿透的大氣層愈厚，就變得愈不強烈。因此，低懸的太陽強度不如高掛的太陽，在靠近日出與日沒時，陽光會比正午時弱三百倍。

但即使地球沒有大氣層，太陽低懸時的陽光仍然比較弱，而這純粹就是斜方向陽光的幾何效應。明白這個效應的最佳方法是藉助手電筒與柑橘。

趣味小實驗

在黑暗的房間裡，用筆型或者細小手電筒的圓形光束照射一個柑橘。手電筒代表太陽，而柑橘代表地球。首先，把手電筒拿在赤道正上方的正午位置，你會看見正圓形光束落在地球上。現在保持太陽與地球同樣的距離（這會使你覺得自己很偉大，不是嗎？），把手電筒移到比剛才稍微偏左（西）的近晚時分位置，使光束斜斜地照在地球上。你會在柑橘上看見橢圓形的光，就像是正圓的陽光被塗散了。確實是這樣，同樣數量的光現在被分配在比較大的面積上，所以光在柑橘上任一點的強度當然會比較低。

　　你下一次去海灘時，注意那些黑帶級的日光浴者。他們十分懂得利用這種效應並能從中獲利（還有，他們皮膚科醫師的銀行戶頭也會獲利）。在一天的任何時間，躺下都會令陽光呈現些微斜角而照到你，因為除了在赤道之外，太陽永遠不會在正上方。所以奧運級的日光浴者所做的是面對太陽，稍微坐起上半身，以便陽光

盡可能地垂直照射他們。

知 識 補 給 站

那是不是冬天比夏天冷的原因？

對極了。當冬天來到我們在地球上的居處（北半球或南半球），你住的半球因稍微傾斜而遠離太陽（也就是說地球的軸是傾斜的）。所以在北半球是冬季時，北極比南極距離太陽更遠。因為你的半球傾斜並遠離太陽，陽光則以更傾斜的角度照到地面。當角度愈傾斜時，陽光強度愈低，當然，熱度也愈低。結論因此毫不驚人：你在冬天比較不可能曬傷或中暑。

Tips

我們可以把這個幾何效應叫做「餘弦效應」，如果你去解這個數學三角問題，結果將是地面上的陽光強度隨著太陽位置與正上方夾角的餘弦而減少。陽光強度（還有餘弦）從赤道正午的全數值強度降低到太陽在日落觸及地平線時的 0。

問題
4

能由樹蔭下的溫度算出馬路上的溫度嗎？

每當有人在夏天想要使我驚歎天氣有多熱時，他們就說一些像是「樹蔭下也有（華氏）90 度」之類的話。但是我不能永遠待在樹蔭下，我也想知道待在外面的陽光底下會有多熱？是不是有方法把樹蔭下的溫度轉換成陽光下的溫度？

　　恐怕沒有。在「遮蔭之下的」溫度很平均，而「陽光下的」溫度則要取決於你所要談的是誰的溫度。

　　不同物體，包括穿不同衣服的人，在陽光下的溫度不同，因為他們會吸收不同的太陽光譜和數量（頁58）。淺色衣服通常比深色衣服吸收較少的（反射較多的）太陽輻射，所以使我們比較涼爽。

　　人類皮膚也大致如此，淺色皮膚的人在陽光下可能不像深色皮膚的人覺得那麼熱。當英國帝國主義在世界上那些人民皮膚顏色較深的地區達到最盛期時，劇作家諾爾・寇威爾（Noël Coward）用一首歌嘲弄這件事：「瘋狗與英國人才在大中午往外跑。」

　　在遮蔭之下──沒有直接來自太陽的輻射──的一個獨處物體（沒有連接熱源或者吸熱體），它的溫度僅取決於周遭的氣溫。那就是氣象人員報天氣時所說的溫度──他們總是不耐煩地附加說明是「在遮蔭之下」。

但是在陽光照射下的溫度不僅取決於氣溫，還要視想測量的人或物體所吸收與反射的熱線而定。這些因素可能隨著各個物體以及各種情況而不相同。

　　順道一提，沒有物理定律能證明，當你的汽車停在陽光下時，方向盤應該變得比任何其他東西更燙。這只是因為方向盤位在特別容易曬到太陽的地方，而且它是你在車子裡最常碰觸的東西。

問題
5

自由女神像為什麼是綠色的？

老教堂與市政廳上面的藍綠色屋頂，我了解它們是銅製的，但是我從沒有在其他地方看過銅變成那種顏色。我能使 1 分硬幣也變成綠色的嗎？

　　自從人們不能夠再用銅這種耐久且美麗的紅色金屬覆蓋屋頂以來，那些銅屋頂受到風吹雨打的日子比借來的割草機還多。銅在今天已經昂貴到不能用來替政客與教士的頭遮蔽風雨，它甚至貴到不能用來製造 1 分硬幣。1 分硬幣重量的銅現在價值已經超過 1 分錢。自從 1982 年以來，1 分硬幣就是鋅製的，然後再包上薄薄的銅讓你懷舊一番。但是如果你真的想要，你可以把 1 分硬幣放在戶外大約五十年，它就會綠得像屋頂一樣，而且沒有其他迅速又簡便的方法。

　　事實上，那就是銅成為非常優良的屋頂覆蓋材料的原因——銅生鏽得很慢（比鐵生鏽慢得多。頁 120）。閃亮發光的銅在幾週內就會因為薄薄一層黑色的氧化銅而變暗。然後隨著歲月流逝，它緩緩地與空氣中的氧、水氣以及二氧化碳反應，並形成化學家所說的藍綠色，基本上這是碳酸銅的古銅綠色。除了屋頂之外，這種古銅綠色也給自由女神像披上綠衫。這個女神像是用三百片厚銅板拴在一起所建造成，而且自從 1886 年起就暴

露在紐約市的空氣中。

　　順便一提，你看見噴泉底部那些被相信 1 分錢就能賄賂命運之神賜予願望的人丟進去、而且沒有在半夜被小偷摸走的銅幣，它們呈現的綠色與你觀察銅製屋頂所發現的綠色，在化學上是不同的。造成水裡的銅板呈現綠色的是氯化銅與氫氧化銅之類的化合物。它們具有不一樣的藍綠色，而且並不緊密地附著在銅板上。

　　你可以藉著買一些黃銅製的廉價珠寶來複製古銅綠色。黃銅是銅與鋅製造的合金，戴著沒有保護膜的黃銅指環或者手鐲幾個月之後，黃銅就會與皮膚的鹽與酸起反應，然後產生氯化銅與其他化合物。你的皮膚會變得與自由女神一樣綠，但色調仍然不完全一樣。

　　許多公共場所的戶外雕像是青銅製的，青銅是大量的銅與錫的合金。當雕像風化時，它們產生與銅類似的深綠古銅色（雕像上的白色斑點具有大不相同的來源──鴿子）。

　　關於銅的一個有趣話題是，龍蝦與其他大型甲殼類動物血液與人類血液裡含鐵的紅色血紅素大異其趣。牠們的藍色血液裡具有與血紅素類似，但是不含鐵原子而是含銅原子的血藍素。革命人士宣稱，世界上的藍血者[1] 屬於最低等的生命，畢竟有一點真實性。

註 [1] 英文裡的「藍血」意指貴族。

知識補給站

那些據說能醫治風濕的銅手鐲是怎麼回事？

瞎扯！這些巫術騙人玩意兒背後的思考（太抬舉它們了）似乎是：一、銅是電的良導體（它確實是）；二、空氣中有一種「電能」（不論那是什麼意思）；三、因此銅手鐲會吸引那種「能量」，而且把它傳到你發疼的骨頭，何況我們當然都知道「能量」對我們是有益的。不過，手鐲唯一會產生的能量是，你刷掉你手腕上綠色汙漬時所必須消耗的能量（試試用醋）。

趣味小實驗

用銼子銼 1 分硬幣，你會發現它只有很薄的一層銅，你在銅的底下將會看見銀白色的鋅。奇怪的是，1 分硬幣是唯一不用銅合金製造的美國硬幣。5 分、1 角、2 角半，與 5 角硬幣全都是銅合金製造的——通常是加上鎳。即使是 5 分硬幣[2] 也只含有 25% 的鎳，其他成分則都是銅。

Tips　　只有一種美國硬幣目前不是用銅合金製造的——就是 1 分錢。

註 [2]　英文名稱是「鎳幣」（nickel）。

為何空氣是透明的？

我們為什麼能透過空氣看東西？

　　道理很簡單，空氣裡的分子距離很遠，以致我們其實是透過空蕩的空間看東西。如果要目視察覺空氣，我們必須能夠看見個別的分子，但是空氣分子比我們用顯微鏡能夠看見的任何東西大約還要更小一千倍。

　　我們談的當然是透過純淨、無汙染的空氣看東西。稍後再談髒空氣。

　　空氣的 99% 是氮分子與氧分子，兩者的大小差不多。依照比例畫出的附圖顯示出它們在海平面的正常相隔距離。注意那些完全空白的地方，這表示在分子間什麼也沒有。難怪光線能夠完全不受阻礙透過空氣，直接從物體抵達我們的眼睛。那就是最好的「透明」定義。

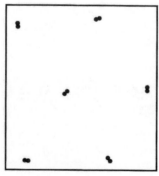

在海平面的空氣分子示意圖

即使可見光恰好撞上一個氮分子或者氧分子，它也不會被吸收。許多其他種類的分子習慣於吸收某些特定波長（或者說顏色）的光線。當某個特定的顏色從光線中被吸收掉，其他光線因為缺乏那個顏色，使我們覺得顏色有變化（頁 58），於是某些氣體看來是有色的。

例如氯氣是綠的，如果你有一玻璃瓶的氯氣，因為分子相距仍然很遠，你的視線還是能夠透過它，但是抵達你眼睛的光線會有一點綠色。所以，透明與有色其實是兩件不同的事，但有些人硬是把無色的塑膠叫做「清澈」而不是叫做無色。著色玻璃是有色的，但是你仍然能透過它視物，所以它仍然算是透明的。

我們這就把話題帶到空氣汙染。如果你曾經搭飛機抵達洛杉磯、丹佛，或者墨西哥市，你或許見過一層黃褐色的濃霧罩在城市上方。那就是含有一氧化氮的空氣。一氧化氮是汽車廢氣裡其他類別的氧化氮與空氣裡的氧反應而產生的褐色、刺激性氣體。

當包括煙與化學霧在內的汙染物濃到使許多波長的光線被吸收，空氣就會變得比較不透明。分子之間距離仍然很遠，但是它們之中有許多在吸收光線（或者將光線散射），所以只有較少的光線透過空氣抵達我們雙眼。在「廣大開闊空間」裡有許多地方的能見度在幾年之內降低許多，使得成年人看不見他們小時候曾看得見的山峰。

是的，我們有幸空氣是透明的，但是它不像以前那麼透明了。

為什麼是用水銀柱的高度來計算壓力？

為什麼氣象人員用幾英寸的汞柱高度來談氣壓計的壓力？你怎能用英寸來衡量壓力？而且 1 英寸汞柱究竟是什麼？

首先，請不要叫它「氣壓計的壓力」。我們周遭的空氣可以用溫度計測量溫度，可以用濕度計測量濕度，還有可以用氣壓計測量氣壓，但是氣象播報員作夢也不會想談論空氣的「溫度計的溫度」或者「濕度計的濕度」，不過，他們卻堅持使用「氣壓計的壓力」（或許因為這聽來很具有唬人的科學性）。其實，只要用平凡且老式的「氣壓」就可以了。

空氣施加的壓力是什麼？大氣壓力是空氣分子不斷撞擊它們所接觸的任何表面所造成的。每當一個空氣分子（主要是氮分子或氧分子）撞上固體或液體表面時，它會施一點力。衡量壓力就是測量每平方英寸或每平方公分的表面積上，每秒鐘內有多少個分子撞擊，而且這個壓力不小。這些無數個分子在海平面上對每平方英寸面積總計施壓 14.7 磅（每平方公分 1.03 公斤）。

藉著計算分子碰撞次數來衡量壓力很難。但是因為大氣層對每一個接觸的東西都施壓，我們可以利用任何便於觀察的物體所受的壓力做為計量標準。

　　1643 年在義大利的佛羅倫斯，埃萬傑利斯塔·托里切利（Evangelista Torricelli）[3] 斷定大氣壓力應該能夠迫使水在空管裡上升到某個高度，而且這個高度可以用來衡量大氣壓力。於是他發明了世上第一個氣壓計。後來發現正常大氣壓力能支撐大約 34 英尺高的水（大約 10 公尺），但是那種氣壓計實在大得可笑。

趣 味 小 實 驗

為了粗略感受一下我們所承受的大氣壓力有多大，試著把你的腳趾放在廚房或餐廳椅子的腳下，然後在椅子上擺一包 10 磅重的馬鈴薯。

那樣會對你的腳趾施加每平方英寸 10 到 15 磅壓力。那當然還不包含 14.7 磅的大氣壓力。但是你卻感覺不到大氣壓力，因為它均勻分布在你的全身。魚感覺得到牠們在水下嗎？同裡我們是在空氣下。

註 [3] 義大利的數學家及物理學家，在幾何學上有很深的造詣，是伽利略晚年的關門弟子。

　　我們現在使用比水重得多的液體汞——一種銀白色的液態金屬。平常，它在海邊會受到大氣層壓迫而在空管內上升到 29.92 英寸或者 760 毫米。

　　換個方式說，大氣層施加在我們身上的壓力就好像我們在 34 英尺深的水下或者 29.92 英寸深的水銀底下感受的壓力。

為什麼晴天的雲是白的，雨天的是黑的？

為什麼除了暴風雨的雲之外，雲是白的？暴風雨時，為什麼雲是黑的？

這全都是水滴有多大的問題。

雲的本身就是一大群微小的水滴。水滴小到在空氣分子持續的撞擊下而懸在空中，然後不被地心引力吸下來——當然，這是指下雨前。但水滴會不斷蒸發消失且重新形成新水滴，這就是為什麼雲會不斷地改變形狀。

趣味小實驗

在有稀疏白雲飄過藍天的日子，躺下並且觀察它們一陣子，你會看見它們隨風移動時不斷改變形狀。在邊緣上的水滴不斷蒸發而且在別處重新凝結，於是改變雲的輪廓。

白雲裡的水滴像微小的水晶球，也就是說，它們朝各方向反射與散射光線。就像其他形式的水（例如冰與雪），它們平均反射與散射所有的波長（顏色），所以抵達我們眼睛的反射光保持它完整的白色（當水滴更小而且比光的波長還要小時，它們就產生天空的藍色。頁41）。

　　另一方面，暴風雨的雲正如你所預料的——它們裝滿了水，伺機要破壞你的野餐。它們裡面的水滴大到能夠遮斷從上方射來的陽光，於是雲相對於藍天顯得比較黑。不過，它們其實不會比影子更黑。

蟋蟀先生，今天氣溫幾度？

我在某一本書看到可以藉著聽蟋蟀鳴聲而判斷溫度，要怎麼判斷？

計算牠們的鳴聲次數。

一切冷血動物的身體機能在溫度較高時運行較快。只要比較螞蟻在冷天與熱天的奔走速率就知道了。蟋蟀也不例外。牠們鳴叫的速率與溫度直接相關，你只需要換算的公式就能了解牠們的訊息。

這個現象的化學性超過牠的生物性。所有的生物都受到化學反應支配。一般而言，化學反應在高溫時進行得更快，原因在化學物質必須互相接觸才能夠發生反應——分子實際上撞到別的分子。溫度愈高，分子運動愈快（頁 311），而且愈頻繁地相撞與發生反應。化學家喜歡用的粗略規則是溫度每升高攝氏 10 度，化學反應就加快一倍。

幸運的是，我們這些溫血動物，因為身體一直維持恆定的溫度，所以維持相當恆定的生命步調。不過，蟋蟀在比較溫暖時，鳴叫聲就會變得比較快。最好聽的是北美洲的雪樹蟋蟀。但是如果你分辨不出蟋蟀種類，別擔心，普通野蟋蟀鳴叫的速率都差不多。

以下是如何聽蟋蟀鳴叫判斷溫度的方法：計算牠們

15 秒內的鳴叫次數，然後加 40，就會得到華氏溫度。

　　當美國有一天終於轉換到公制後，蟋蟀依法就應該按照攝氏溫度來鳴叫。你可以計算蟋蟀 8 秒鐘內的鳴叫次數，然後加 5 就可以得知攝氏溫度。

　　必須注意一件事，蟋蟀公告天下的是牠當時所在位置的溫度。除非你爬到樹上，或蹲在草裡，否則你的溫度與蟋蟀不完全一樣。

問題
10

為什麼玻璃做的溫室可以保暖？

當我走進苗圃的溫室時，我大吃一驚，因為它比外面溫暖許多！溫室裡永遠比較暖嗎？如果是這樣，為什麼？

是的，溫室（有時叫做「熱室」或「玻璃房」）在一般狀態下永遠比較暖，而且不需任何人工加熱。但信不信由你，主要原因不是人人所說的「溫室效應」。

溫室只是一個很大的、封閉的、玻璃製的植物容器。玻璃讓植物生長所需的陽光進入，而且可以擋住有害的風、冰雹與動物。它也防止濕氣散失，因而保持了高濕度，因此當你進入溫室時撲面而來的也包括濕氣。溫室主要的作用像是節流閥，減少植物在寒冷、嚴酷的外界生長而散失熱能。

一株植物（或者任何東西），有三種方式著涼（也就是散失熱能）：傳導、對流以及輻射（頁 32）。傳導不是問題，因為葉子沒有接觸到像是大塊金屬之類，能夠將熱傳走的東西。葉子會進行對流與輻射，而溫室可以減少這兩者發生。

對流就是暖空氣或水的循環。因為暖空氣會上升，所以它能從植物葉子中帶走熱能。任何能夠防止暖空氣完全逃逸的東西就能夠防止熱散失，而且任何封閉建築

物都可以達到此目的。這也就是溫室的主要作用——防止因空氣流動而散失的熱。當然，任何農人作夢也不會想到蓋一個不讓大量陽光進入的建築物來密封植物，所以這成了玻璃牆壁與玻璃屋頂密封建築物誕生的原因。

在發明溫室時，沒有人知道的第二個作用是玻璃會減少輻射熱散失，也就是所謂的溫室效應發生作用的地方。以下是它的原理。

保持植物生存與生長的光合作用需要陽光裡的紫外線。在利用紫外線的一部分能量後，植物會放出能量較低的紅外線「廢輻射」（頁290）。紅外線又會被其他物體吸收。但是當物體吸收紅外線時，它的分子會變得更富能量而且物體會變得更暖（頁311）。因此我們可以把植物發出的紅外線想像成一場穿過空間的旅行，目的是尋找物體用來加溫的熱能。

當紅外線碰上玻璃牆或玻璃屋頂時又會發生什麼事？雖然玻璃讓紫外線順利穿透，但是它對於紅外線卻不是完全透明。所以玻璃會阻止某些紅外線跑到溫室外面，這些被困的輻射逐漸加溫溫室裡的每一樣東西。

這種加溫明顯地不能永遠持續，因此從來沒聽說過溫室會出現自發式的熔潰。加溫到某一點之後，熱能不可避免地對外逸漏，因此會平衡溫室內部的紅外線累積量，於是溫度平穩地維持在適當的較高溫程度（高於如果玻璃對紅外線輻射是完全透明時的溫度）。

知 識 補 給 站

與地球暖化有關的「溫室效應」是什麼？

它就是紅外線輻射被地球大氣層困住的效應。它能提高整個地球表面的溫度，就像是紅外線輻射被困在溫室裡因而提高溫室內部的溫度。

地球表面的整體溫度——各種氣候與各個季節的平均——取決於太陽輻射照射到地球的數量與反射，或者二度輻射回太空的數量之間的微妙平衡。抵達地球的太陽輻射大約三分之一會被反射回到太空；其他則被雲、陸地、大海及做日光浴的人吸收。被吸收的能量大部分就像被溫室裡的植物吸收一樣，迅速退化成熱能，或者是紅外線輻射。

在會發出輻射的地球表面上方懸掛了一層透明的罩子，這和溫室有一點相似；不過，這個罩子不是玻璃，而是一層空氣（大氣層）。就像玻璃一樣，地球的大氣層對於大部分入射的太陽輻射是很透明的。但是大氣層裡的某些氣體——主要是二氧化碳與水氣——則是很有效的紅外線吸收劑。就像玻璃在溫室的作用，這些氣體阻斷某些紅外線的逃逸，把它困在靠近地表的地方。於是地球就會比大氣層裡如果沒有二氧化碳與水氣之時更暖一些。

地球的輻射進入量與輻射外流量處於微妙的平衡，而這使我們的行星千萬年來處於大致相同的平均溫度。但是近年來的人類活動已經改變平衡。自從大約一百年前工業革命開始，人類以愈來愈高的速率燃燒煤、天然氣與石油產品。當這些燃料燃燒時，它們把二氧化碳加進空氣裡（頁141），因此大氣裡的二氧化碳含量在過去一百年來已增加大約 30%。更多的二氧化碳意味著更多紅外線輻射被

困在地球以及更高的溫度。

很難估計大氣層裡某一數量的二氧化碳所造成的全球增溫有多少。一方面，大洋與森林藉著吸收空氣裡的二氧化碳以降低增溫效應；另一方面，世界上龐大的雨林正在迅速遭到砍伐與焚燒，焚燒放出更多二氧化碳，於是問題惡化。雖然我們不能確定人為產生的二氧化碳造成全球升溫的確切數字，但是相當明確的是地球的平均溫度在過去一百年來一直在不自然地上升，而且可能隨著空氣裡的二氧化碳含量倍增而在下一個一百年到來時升高至攝氏 1.5 到 4.5 度。

僅僅幾度的升溫就可能帶來災難性的後果。稍微增暖的北極與南極氣候將會熔解大量的冰、提高海平面而且淹沒世界各地的沿海城市。至少，全球天氣形態會改變，對於糧食生產與飲水供應都有重大影響。

我們行星的大氣溫室，顯然就像它真的是用玻璃造的那麼脆弱。

問題
11

雪人怎麼不見了？

我注意到當地上有積雪時，即使氣溫一直遠低於冰點，雪也會在一到兩週內熔掉。雪到哪裡去了？

　　雪不是熔掉；它其實是直接進入空氣中成為水氣，而沒有先熔解成液態水。

　　我們或許很想說雪蒸發了，但是科學家比較喜歡把「蒸發」這個詞保留給液體專用。所以，當固體「蒸發」時，科學家稱這個過程為「昇華」。我們在日常生活經驗裡很少注意到昇華，原因是與液體蒸發相比，昇華通常是緩慢得多的過程。

　　昇華是這樣發生的。在一塊固體表面的分子不像內部的分子附著得那麼穩固。固體內部的分子在上、下、周圍各方向都與它們的同儕連接，但是表面上的分子除了上方之外的各方向都互相連接，上方暴露於開闊的戶外，它們稍微欠缺與其他部分的附著力。

　　如果你考慮到分子永遠多多少少有些晃動（頁311），那就不太難想像偶然會有表面分子掙脫而飛進空氣中，那麼，該分子就昇華了。液體分子相互連接比固體分子鬆散，所以液體分子掙脫的或然率大得多。那就是液體蒸發通常比固體昇華快得多的原因。

　　雪是昇華的優良候選人，因為它是由複雜、具有大量表面積的纖細晶體所構成；位在表面的分子愈多，可

能昇華的分子就愈多。你甚至能夠看見整塊冰昇華。有沒有注意過冷凍櫃裡的陳年冰塊會縮小？

　　不同的固體具有不同的昇華傾向，原因是組成它們的不同原子或者分子具有不同的結合強度。幸運的是，金屬的原子結合很緊密，所以黃金或者白銀根本不會昇華。另一方面，某些有機物固體結合很鬆散，所以它們有很大的可能飛散成氣體。樟腦丸晶體與除臭劑通常是用具有高強度昇華特性的對二氯苯這種有機固體製造。它氣味強烈的蒸氣能迅速殺死霉菌與我們聞到的臭味。

趣味小實驗

在嚴寒的時候測量適當的冰柱溫度，然後在一、兩天之後再度測量它。必須確定這段期間的溫度沒有高於冰點，所以沒有發生熔解。你將會發現昇華使冰柱變小。

知識補給站

他們如何用冷凍乾燥法製造咖啡？

利用冰的昇華。

冷凍乾燥法製成的即溶咖啡與一般即溶咖啡有一個重要的不同。在製造這兩種即溶飲料的乾粉時，他們每一批都會煮出 2000 磅濃得無法置信的咖啡汁。如果要製造普通的即溶咖啡粉，就讓咖啡汁在高溫槽裡落下以達成迅速乾燥，所有的水都會蒸發掉，於是只有粉狀固體落到底部。但不幸的是，高溫會消除咖啡某些最棒的香氣化學物質。另一方面，若是用冷凍乾燥法製造咖啡粉，他們把極濃的咖啡汁冰凍成一塊塊的咖啡冰，然後他們把冰塊碾碎再放進真空槽裡，水分子就藉著昇華而直接從咖啡冰粒裡被吸走。時間匆忙的咖啡美食家大多相信，與普通的即溶咖啡相比，冷凍乾燥法製成的即溶咖啡具有真正高尚的氣味。

為什麼快要下雪前，反而感覺比較暖和？

這必定聽來很瘋狂，但我發誓它是真的。我在冬季有很多時間在戶外，每次天氣開始下雪時，我注意到空氣開始變暖！你會以為如果要開始下雪，空氣應該變得更冷而不是更暖才對。發生了什麼事？

　　你真是位優秀的觀察者。當開始下雪時，空氣確實變得較暖。

　　用這個方式去想：為了要熔解許多冰或雪，你必須對它加熱；所以當許多水凝結成冰或雪的時候，因為這是相反程序，所以同樣數量的熱必須再跑出來。它確實如此，而且暖化了空氣。問題是熱為什麼會跑出來？

　　首先，除非溫度降到華氏 32 度或者攝氏 0 度以下，否則空氣裡的水不會凝結。你從來沒聽過氣象員預測說「溫度在華氏 75 度左右，而且偶然飄雪。」當第一片雪花形成時，你理當預期所有必需的冷卻（或者說降溫）都已經發生過了。這毫無值得大書特書之處。

　　不過，就在水開始凝結成雪花時，會開始發生一些新的事情。一滴液態水裡的分子很鬆散，自由而且混亂地相互滑溜。但是當水滴凝結成我們稱做雪花的美麗冰晶體時，水分子必須進入剛性的結晶形狀。它們在剛性的雪花形狀裡具有的能量少於在混亂的液態狀況，這就

好比小學老師叫一群野孩子在走廊上排好隊形。如果水分子在雪花裡具有的能量少於在水滴裡，過多能量必須跑去別的地方。它去了——以熱的形式進入空氣。

　　每 1 公克的水凝結成 1 公克的冰或雪（1 公克的雪形成的雪球大約與撞球一樣大），就會釋出 80 卡的熱。如果那些熱留在那 1 公克水裡，那個數量的熱足以將水的溫度從冰點升到攝氏 80 度或者華氏 176 度！但是，熱當然沒有留在那裡，否則水永遠不會結冰。熱被風吹進周圍的寒冷空氣裡。

　　於是，每當 1 公克的水轉變成雪花，它周圍的空氣就得到 80 卡熱的禮物。把這個數字乘上開始落雪時凝結的無數公克的水，難怪你會感覺空氣比較暖。

知識補給站

可能降霜時，為什麼把水霧噴在番茄植物上？

保護它們不凍結。在潮濕葉子上的水會先凍結，每公克放出 80 卡熱量。葉子會吸收這些熱量，於是保持在比如果沒有這些熱量時更暖的狀態。園藝書弄錯了才會告訴你，結冰的水像隔熱體一般保護葉子。薄薄一層冰的隔熱效果其實近乎零。

Tips　下雪使天氣變暖。

人造雪是怎樣做出來的？

身為滑雪愛好者，我時常必須將就那些造雪機製造的人造雪。他們是不是僅把水噴到空中讓它凍結？

　　不，除了極端寒冷的天氣，那種方法的效果並不好。順便一提，那些機器不是製造真正的雪花，它們製造的是微小的冰珠，每個冰珠直徑千分之一英寸左右。

　　僅僅噴水不能有效製造出雪花的原因是，當水凍結時它會放出許多熱量（頁 220）。因為水分子從液態轉變到固態時，必須停止運動並進入固定位置，於是它們原本具有的運動能量必須有地方可去。如果大量噴灑的水必須在地面附近凍結，釋出的熱會使空氣增溫不少，於是大大不利於凍結，使得人造雪變得很濕且不夠冷。

　　另一方面，當真正的雪在大自然形成時，熱量釋出的地點是在高空中產生雪的地方，所以不會把你所愛的雪明顯變暖。這就是為什麼許多滑雪度假中心的造雪機都在高塔上噴水，目的是讓風把熱量帶走。

　　不論如何，還需要一些額外的冷卻以抵消凍結時所釋出的熱。造雪機採取的方法不僅僅是噴水，更在噴水時混合著大約每平方英寸 118 磅壓力的高壓空氣。空氣──或者任何氣體──突然膨脹的時候會冷卻。因為氣體必須推開空氣或者別的東西才能夠膨脹，所以氣體

會耗掉一些能量（頁 179）。膨脹空氣的寒冷足以抵消水凍結時釋出的暖化而有餘。除此之外，噴出的水滴還會得到因蒸發而產生的冷卻效應（頁 240）。

　　奇怪的是，不論水有多冷，它就是不會自然凍結。人人都說水在華氏 32 度（攝氏 0 度）時凍結，但他們還應該補充一點：「假如有東西可以刺激水開始凍結。」如果沒有「起跑槍聲」使水分子就位，它們不會開始進入它們在冰晶體裡必須具備的高度方向性與確定的位置。

　　事實上，水可以冷卻到遠低於它的正常冰點而不結冰（也就是說水可以被大幅度「超冷」）。超冷很難在家裡嘗試，但是在嚴格控制的實驗室條件下，純水可以超冷到零下 40 度而不會結冰（華氏或攝氏都沒關係，零下 40 度在兩種溫度算法上都相同。頁 319）。

　　機械震動足以搖晃超冷的水分子使它們進入冰晶體指定的位置。在造雪機的例子中，震動來自高壓的空氣噴流，它以接近音速的速率將微小水滴噴出噴嘴。

　　造雪機有趣的新改良是在水與空氣的混合物裡添加某些無害的細菌。有人發現這種幾乎在各地植物葉子上都有的細菌有助於水更快凍結。這些細菌在植物葉子上幫助了植物免於霜害（頁 221），顯然在造雪機裡也做到了同樣的急凍服務。在微小水滴有機會蒸發前就凍結更多水滴，以產生更大量的人造雪。

為什麼雪可以做成雪球、堆成雪人？

> 我曾經和朋友爭辯一個問題：是什麼使雪球聚成一團。他說因為雪花的邊緣是崎嶇的，所以它們必定像自黏帶一樣鉤在一起。他說的對嗎？

那是個好說法，因為雪花確實具有美麗複雜的形狀——尖刺、蕾絲邊緣，還有其他形狀。但是相互套住的小鉤子與小圈圈未免有點想入非非。何況，雪花太脆弱而且易碎，當你把它們揉在一起時，它們會遭致粉碎式的命運。

答案在於壓力可以熔解凍結的水——冰或者雪（頁281）。當你把雪緊壓在一起時，壓力熔解雪花的某些部分，然後雪花能夠在熔解產生的水膜上互相滑過，於是雪球變緊了。但是雪的絕大部分仍然在冰點以下，所以熔解的部分迅速重新凍結，重新凍結的冰就像黏著劑一樣把整個雪球聚在一起。

如果你不怕冷到了敢光著手做雪球，你的體熱也會在雪球外表熔解一個薄層。當這個薄層凍結時，你就有了表面硬化的武器。雖然日內瓦公約禁用這種武器，有些交戰人員仍把雪球浸在水裡使它們更硬。

趣味小實驗

僅供北方佬使用：放一個深色盤子在冷凍櫃裡等待下雪天。當開始下雪時（這通常是雪花最大的時候），把盤子拿出來，然後再拿出你能找到的最大倍數放大鏡（如果有一架冰冷的顯微鏡與載玻璃更好）。在盤子上或載玻璃上接一些雪花而且迅速用放大鏡或顯微鏡觀察它們。多麼美麗的晶體！如果下雪的時候你沒準備好，一塊深色的布也可以用來接雪。

知識補給站

會不會冷到無法做雪球？

會，每一個住在北方的小孩都知道濕雪做的雪球最好。那是因為比冰點並沒有冷太多的雪比較容易加壓熔解，於是可以緊壓成有效的彈丸。但是當雪太冷的時候，即使最好戰的惡棍也沒有足夠力氣使許多雪花加壓熔解並重新凍結，於是雪球會散裂成無用的霰彈。

煙火為什麼會有這麼多種顏色？

他們如何製造煙火的各種顏色？

　　他們在炸藥混合物裡添加遇熱會發出特定顏色的化學物。例如，假使你認為綠色的火比較羅曼蒂克，你可以扔一些同樣的化學物到壁爐裡。

　　當你把一個原子扔進火裡，它會藉著使它的電子運動加快一些而吸收火的某些能量。這些「熱」電子非常渴望要回到它們相對遲緩、天然的能量狀態（行話：它們的基態）。它們最容易達成願望的方法——對電子而言是容易的——則是以光的形式放出它們過多的能量。當夠多的原子同時在火裡取得熱能而且以光的形式將能量拋出來時，我們就會看見一股很亮的光。

　　每一種原子或者分子起初就有一套獨特的電子能量。因此，火燄裡的每一種原子或分子能夠吸收與拋出它特有數量的能量。也就是說，不同的原子或分子會發出不同波長或顏色的光（行話：每一個原子或分子有它自己獨特的發射光譜）。對於煙火製造商不幸的是，大部分原子與分子發射的光色是肉眼看不到的，它們落在光譜的紫外或者紅外區域。但是某些元素的原子發出我們能看見的明亮色彩光線。

　　接著介紹用來製造煙火色彩的某些種類的原子（以

它們化合物的形式使用）。紅色：鍶（最常使用）造成深紅色光、鈣造成偏黃的紅光、鋰造成洋紅色光。黃色：鈉造成明亮的純黃光。綠色：鋇（最常使用）造成黃綠色光、銅造成翡翠綠光、碲造成草綠色光、鉈造成草綠色光、鋅造成偏白綠色光。藍色：銅（最常使用）造成天藍色光、砷造成淡藍光、鉛造成淡藍光、硒造成淡藍光。紫色：銫造成藍紫色光、鉀造成紅紫色光，還有銣造成紫光。

趣味小實驗

下一次在壁爐裡或海灘上的營火堆，撒一些壓碎的鹽或粉狀的重鉻酸鈉進去，你就會看見鈉產生的明亮黃色火燄。如果你手邊有低鈉食鹽（賣給無鈉飲食者的那一種），把它撒一些在火裡。它含有氯化鉀而不是氯化鈉，你將會看見鉀特有的紅紫色火燄。如果你恰好服用鋰治療躁鬱症狀，你的藥會製造你所看過最美的紅色火燄。

知 識 補 給 站

如何產生各種霓虹燈所需的顏色，是用有色玻璃嗎？

不，霓虹燈的顏色其實是受到電力刺激的發光原子。原理和製造煙火的各種顏色很相似——用能量刺激原子，然後它們會藉著放出特有顏色的光線而除去過多的能量。煙火與霓虹燈之間（幸好）有幾個不同的地方。霓虹燈裡的原子是以氣體形式存在於拼出文字或者圖形的玻璃管裡。刺激氣態原子的是由燈管的一端通到另一端的高壓電流而不是爆炸。如果氣體恰好是氖氣，它就會發出宣告尼克燒烤酒吧餐廳位置的熟悉橙紅色光。其他的氣體在受到電流刺激時會發出它們自己的色光。例如，氦會發出粉紅紫色光、氫會發出藍紫色光、氪會發出淡紫色、氙會發出藍綠色。其他顏色的產生是藉著將氣體混合或者在玻璃管內側塗上會發出自己顏色的固體材料。

問題 16

為什麼氣球會往天上飛？

如果你讓灌了氦的氣球跑到戶外，它最後會發生什麼事？氦氣球究竟為什麼向上走？難道地心引力不像作用在其他物體般地吸引氦氣嗎？如果某個東西向上移動，應該有向上推的力，不是嗎？那是什麼力呢？是反引力嗎？

反引力？我們這本書裡不用那個詞。請往左邊再過去兩個書架，那邊才是科幻類的書。

令人驚奇的是，沒有向上推的力。事情只不過是氦所受到的向下吸引力比它周圍空氣所受到的少，原因是氦比同體積的空氣輕（頁 321）。地球對於較輕的氦原子引力小於較重的空氣分子引力，空氣因此容易通過氦氣並向下移動；或者（同一回事）我們會看見氦氣通過空氣而向上移動。如果你身在氦氣氣球內部，你或許會納悶，那些空氣為什麼全都擠在我身旁向下衝？

當你在水底下放開一塊木頭，你不會因為看見它朝向水面猛衝而驚奇，你會嗎？那是因為木頭與水都是很熟悉的材料，所以你預期木頭會浮在水上（頁 245）。

不過，氦與空氣都是氣體，而不是固體或液體，所以我們比較不熟悉；我們不能看見它們、傾倒它們、抓住它們或拋擲它們。但它們仍然是某種物質，是由受到

地球引力的微小粒子構成，而且它們反應的方式與固體和液體相同。不論是固體、液體或氣體的形式，地球引力大小與粒子的質量成正比。

當你在戶外釋放一個氦氣球時，有幾件事會發生。當氣球上升時，它遭到的氣壓與氣溫狀況都會改變。就氣壓而言，它很規則地隨高度增加而減少，這是因為大氣層是被地球引力緊緊吸住所包圍住地球的一層空氣。在這一層空氣中，當你上升到愈高的地方，上方剩下的空氣層就愈少，所以你會感到的氣壓也愈少。氣球也是同樣感覺。

橡膠造的氣球在任何時候呈現某一種大小的原因，在於氣球裡面的氣體會產生向外推的壓力，並與氣球外面也會產生向內推的大氣壓力互相抵消（當然還要加上橡膠向內縮的力量）。當大氣壓力減少時，氦氣向外膨脹的狀況可能占上風，於是氣球開始膨脹。所以隨著高度增加，氣球會變得愈來愈大。記住這個想法。

那麼，溫度降低的效應又是什麼呢？我們知道所有氣體受熱時都會試圖膨脹，冷卻時則會收縮。這是因為高溫氣體的分子運動比較快，而且會更用力推擠任何試圖局限它們的牆壁。當我們這一個裝氦氣的容器升到愈來愈冷的空中時，地球大氣層的平均溫度從海平面附近的大約華氏 65 度（攝氏 18 度），降低到在 10 公里高空的大約華氏零下 60 度（攝氏零下 51 度）。所以溫度隨著氣球升高而且變冷，氣球就會漸漸收縮。

現在，我們有兩個相反的選項：一、因為大氣壓力

減少而膨脹；二、因為大氣溫度降低而收縮。試問哪一個選項會獲勝？

　　人類已經熟知支配氣體膨脹與收縮的規律，科學家把它歸納成一個叫做「氣體定律」的數學方程式。他們利用這個方程式，便能夠計算出壓力與溫度變化對於氣體的影響。如果你去計算我們上升的氦氣球（我計算過），你會發現因為壓力減少而來的膨脹，會比因為冷卻而來的收縮影響更大。

　　所以氣球受到的淨效應是隨著它升高而愈變愈大直到「碰」一聲！橡膠因為伸展過度而爆裂，最終飄落在某一個人的野餐芥末醬裡。而之後不再受到拘束的氦氣就繼續穿過大氣層上升，直到它抵達某個高度；如果那裡空氣稀薄的程度到了一個氣球體積的空氣與氦氣一樣重，氦氣就會在那裡一直停留到世界末日。

知識補給站

為什麼有些飛到天空上的氣球不會爆裂？

不完全是到世界末日。因為風、天氣與其他混合現象的緣故，我們總是能在任何高度的空氣中找到氦氣（平均而言，每一百萬個空氣分子大約有五個氦原子）。至於在大氣層頂部，有些氦氣甚至會完全逃離地球。

不僅如此，我們必須承認其他的事會干擾我們乾淨俐落的畫面。我們的氣球可能因為它裡面裝的氦氣不足以攜帶橡膠的重量上升到夠高的高度，所以根本不會爆裂，於是它

就會停在一個最大高度。然後，風可能吹送它好幾天，直到夠多的氦氣漏出來（氦原子是極為微小的粒子，而且能夠滲透穿過橡膠），使得橡膠變得太重而把氣球帶下來。你或許看過飄在天花板上的氣球在幾天之後所發生的事。順便提一下，近來許多氦氣球是用鋁強化塑膠製成——一種堅韌的塑膠膜覆蓋很薄的一層鋁——而不是用橡膠製造。它們的持續力會比較久，而且在毀滅前還能上升得更高。目前已知有噴射客機在幾英里高的空中看見它們隨著噴射氣流（大氣層的一股氣流）高速前進。

問題
17

充滿氣的飛船如何克服熱脹冷縮？

軟式飛艇、飛船、可操縱氣球、輕於空氣的航空器——不管你如何稱呼它們，它們也灌滿了氦氣，對嗎？但是當它們被太陽或天氣加溫、冷卻時，氣體必須熱脹冷縮，不是嗎？他們如何處理這種事？整個氣球都會膨脹或收縮嗎？

　　不，那可會使船身旁的贊助廠商霓虹燈標誌掉下來。因為今天的飛船只是飛行廣告看板，所以絕不能那樣。反之，他們會使用來回交換氦氣與空氣的聰明系統。飛船，正如你已經注意到的，基本上是裝滿氦氣的大橡膠袋。因為這整個航空器的重量（氦氣、橡膠袋、船艙、引擎、機組人員、搭乘的本地政客），總計比同體積的空氣輕，所以它會飄浮（頁 245）。

　　在陽光猛烈照射的大熱天，壓力可能會增加很多，因此容易使氦氣膨脹。但是他們不能把那些昂貴的氦氣排放到空氣中，不僅如此，當袋子冷卻下來，而他們需要更多氦氣使它看起來不至於像是飛行的乾癟棗子時該怎麼辦？

　　裝氦氣的大袋子裡還有一個獨立的裝空氣的小袋子，像是氦氣氣球裡裝了空氣氣球。他們的安排是當氦氣膨脹時，它會將一些便宜、陳年老空氣推擠出去。當

氦氣收縮時，他們藉著打進更多空氣到裡層的空氣袋以
補償收縮的部分。或者，請政客對空氣袋演講。

為什麼太空梭返回地球會遭到高溫洗禮？

在戶外時，風吹得愈大，我感覺愈冷，我想我了解這回事。但是當返航的太空梭衝進大氣層時，即使高空的空氣冷得多，流過的空氣卻使太空梭熱到必須受保護才不至於像隕石那樣燒掉。為什麼當「風」夠強，它會從冷卻的風變成灼熱的風？

　　首先，如果這是你正在想的事情，當風很大時，你皮膚上的冷卻效應與汗水蒸發沒多大關係。只要有足夠的風令所有汗水都蒸發掉後，蒸發帶來的冷卻效應（頁240）就會迅速消退。強風使我們涼爽的原因在於移動的空氣分子從我們身體帶走熱量；當風愈快流過我們，它就愈快帶走熱量。你的皮膚才剛加熱鄰接的空氣分子，分子就被吹走了，並把你辛苦獲得的體溫隨它一起帶走。所以衣物能夠保護你的主要原因，在於它使那些愛偷竊的空氣分子不能貼著你的皮膚流過。

　　至於太空梭，你第一件必須忘記的事是「摩擦」，這個字是報紙與雜誌千篇一律用來「解釋」重返大氣發熱的原因。摩擦來自兩個固體間的接觸磨動。對於氣體，這個字毫無意義。氣體的分子相距如此之遠，互相之間有許多空蕩的空間，以至於氣體完全沒能力對任何東西「磨動」。氣體分子唯一能做的事是飛繞過物體或

者無秩序地與它碰撞，就像一大群家蠅瘋狂地將自己衝撞上馬糞博物館裡的展示櫥窗（抱歉用這個說法，但是它確切地描述出氣體分子的行為方式）。

40 英里高空的空氣遠比地表附近稀薄與寒冷，返回地球的太空梭其加熱狀況在這裡才開始變得嚴重。但是當「風」以太空梭重返大氣層的速率（大約時速 1 萬 8000 英里）吹過太空梭時，這裡的情況與我們地面上的西風是不同的。在 1 萬 8000 英里的時速下，太空梭其實移動得比四處亂闖的氣體分子更快。氣體分子四處亂闖的平均速率基本上就是它們的溫度（頁 311）。

其結果完全相等於好像太空梭是靜止的，然而氣體分子以它們正常的速率「加上」1 萬 8000 英里的時速去轟擊太空梭。此舉會造成相當於溫度高達幾千度的氣體分子的總速率。於是，太空梭感覺它好像是暴露在溫度高達幾千度的空氣裡。如果太空梭沒有覆蓋可藉著熔化而耗用能量的高抗熱瓷磚，太空梭將會真的像隕石一般燒掉（是的，那就是隕石會燒掉的原因）。

不過，即使是陶瓷也無法長期承受這種高溫。幸運的是，太空梭的前緣前方存在著震波（因為無法及時讓路而堆在一起的一層空氣分子）。這一層空氣就像是太空梭的前防撞桿，它吸收大量的熱能而且分解成為原子破片與電子構成的發光雲狀物（科學家稱做「電漿」的東西），那就是造成你在電視畫面上看見 V 字形「艏波」（prow wave）的東西。

第 6 章

冰塊為什麼
這麼吵？

關於水的 14 個科學謎題

水是地球上最豐富的化合物。它大約覆蓋地球表面的 75%，使地球從太空中看起來呈現藍、白兩色（白色的雲當然也是水）。地球上水的總量，包括大洋、湖泊、河流、雲、兩極的冰還有雞湯，達到 15 億噸之多。事實上，人類本身有一半以上是水：體重 150 磅（約 70 公斤）的男性大約有 60% 是水；女性平均值則較接近 50%；肥胖型的人百分比會更低；嬰兒含水比例高達 85%（但不包括尿布）。水具備宇宙中一切化合物不常見的某些特性，但我們卻因為對水太過熟悉以至於視而不見。當我們煮沸、凍結水、浮在水上面或者流汗時，究竟會發生什麼事？我們將於本章中一探在日常生活中與這個最不平凡的液體相遇的真相。

有　　　趣　　　的　　　謎　　　題

1. 流汗會比較涼是因為汗水被蒸發嗎？
2. 為什麼鐵板會沉而鐵殼船不會？
3. 魚是最好的潛水伕？
4. 魚會得潛水伕病嗎？
5. 為什麼肥皂泡泡是圓的？
6. 所有的液體都是濕的嗎？
7. 打個賭，熱水會先結冰？
8. 鐵達尼號沉了，為什麼冰山不會？
9. 為什麼「水會找到自己的水平面」？
10. 在紐約煮蛋會比在墨西哥市熟得快？
11. 暴風雨天燒開水，沸點會比較低嗎？
12. 為什麼溜冰會比跑步快這麼多？
13. 為什麼我們天生就知道水能滅火？
14. 冰塊為什麼這麼吵？

流汗會比較涼是因為汗水被蒸發嗎？

我知道人類流汗是一種保持涼爽的機制，原因是汗蒸發時會有冷卻效應。但是蒸發為什麼是冷卻過程？為什麼液體蒸發，它的溫度就應該降低？或者真的有降低嗎？

抱歉，但是答案應該是：「既對又不對。」或許這就是為什麼眾人四處像鸚鵡般重複那個現成可用但是毫無啟發性的答案——「蒸發是一個冷卻過程」。

我們只在某些時候注意到汗腺，例如：一、我們感覺熱的時候；二、我們很出力的時候；三、我們即將演說但是找不到講稿摘要的時候。我們會分泌出一種液體（含有一點點鹽與尿素的水）並流到皮膚上。

不過事實上，我們的排汗程序一直在進行，即使在冷天也一樣。它是維持我們身體恆溫的主要機制。在上面所說的三種情況中，汗水產生的速率比它能夠蒸發的速率更快，所以我們注意到皮膚上累積的實際濕氣。

極少被邀請發表演說的犬類在皮膚上沒有汗腺（奇怪的是汗腺長在牠們的腳底肉墊上），所以犬類伸出牠們長得不尋常的舌頭而且喘氣；這可以加速唾液的蒸發，藉此冷卻供應到牠們肺部的空氣。其他動物流汗程度各有不同；豬有時候真的「像豬一般流汗」，但是牠

們也喜歡藉著在泥裡打滾而冷卻；大象與河馬也是這樣，和人類到游泳池泡一下的習慣沒多大不同。

但蒸發究竟是什麼？它就是液體表面的某些分子決定離開同伴並飛走的過程。隨著愈來愈多分子飛走，剩下液體的量漸漸減少。你一定常看它發生，例如濕地板以及曬衣繩上的衣服變乾。

如果我們想要加速蒸發，可以做兩件事：加熱與吹風。對液體加熱會使更多分子具有逃脫所需的能量，因此我們有了吹風機及公共廁所裡吵得令人心煩的熱風乾手機。它們吹的風驅散剛剛蒸發的水分子，因而讓空氣容納更多的水分子。對熱湯吹氣讓湯變涼，就是個經典的用法——雖然不是太文雅的應用方式。另一個例子是：即使室內溫度很舒適，若一旦房裡有風，你從浴缸裡出來時還是會覺得冷。

趣味小實驗

對著手背吹氣，即使呼出的氣是暖的，而且你或許以為自己沒有流汗，但是手背仍會感到涼涼的。

吹氣會加速皮膚上永遠存在的少量濕氣蒸發。在有風的天氣時，你在室外永遠覺得比在室內冷。美國北部的天氣播報員在冬季期間喜愛嚇唬觀眾的「風力降溫因素」，就是企圖把這個現象納入考慮。不幸的是，它只適用於你裸體的時候。

　　好啦，那麼為什麼水分子脫離會降低剩下的液體溫度，而且還會降低與液體接觸的每一種東西的溫度？這聽來可能有點詭異：蒸發過程是很有選擇性的，它偏愛挑出移動較快的（較熱的）分子，留下較冷的（較慢的）分子。說明如下。

　　任何液體的分子都處於不停的運動：滑溜繞過、來回扭動、四處短促亂衝、相互碰撞，而且行動大致像是一碗螞蟻。溫度愈高，分子運動愈快速（如果你真的想知道，螞蟻遇熱也會爬得比較快）。事實上，那就是溫度的本質：物質裡面全體分子平均動能（與運動有關的能量）的一種衡量。

　　這裡重要的詞是「平均」。因為在任何一個溫度，全體分子絕不是以相同速率運動。某些分子可能因為剛剛與另一個分子碰撞，被踢了一腳而運動得很快；而踢人一腳的分子則會運動得比較慢，因為它把一些能量給了被踢的分子。你到家裡附近的撞球臺就會看見白球撞到其他球之後慢很多，被撞的球則以高速率彈去。但是這兩個球的平均能量（它們的「溫度」）仍然相同。

　　現在你猜液體表面上的哪些分子最可能跳進空氣中蒸發？當然是能量最高的那些分子。如此就會降低留下來的分子的平均能量——也就是降低溫度。於是，液體在蒸發時便會降低溫度。

　　但這不是故事的結局，降溫不可能無限制進行下去。你可曾看過蒸發後的一灘水自然凍結成冰？沒有。事情是這樣的，只要蒸發的液體開始稍微降溫，熱量就

從周圍環境流進來而且補充高能量分子的數目，這就等於維持恆定的溫度。

你也許會說：「啊哈！那我們不是就又回到起點。如果蒸發中的液體永遠沒機會停在低溫，為什麼汗水蒸發會使我涼快？」

你以為那些補充的熱能是打哪兒來的？你的皮膚。所以在蒸發進行之中，那一層汗水本身並沒機會冷卻太多，因為它不斷從你的皮膚吸取熱能，然後藉著汗水最熱的分子將能量拋進空氣中。汗水只是一個媒介，幫助你的皮膚拋掉熱能。

液體蒸發的速率取決於分子在液體內的結合有多緊密。在分子互相附著不夠強的液體中，分子脫離群眾比較容易，於是液體蒸發得更迅速。有些液體蒸發非常快（非常有揮發性），以至於來不及從環境補充熱能。在這種情況下，液體的溫度確實會下降。

酒精是揮發性液體之一，揮發速率超過水的兩倍。

趣味小實驗

在皮膚上抹一些酒精，比水大得多的冷卻效應會讓你覺得涼多了。

　　所以「熱的」酒精分子離開速率很快，以至於超過身體已塗抹酒精的區域補充熱能回到體溫的能力。

　　再以氯乙烷為例。氯乙烷是極具揮發性的液體，它的分子實在不喜歡彼此間有太多相互關係，而且急著離家出走。它的蒸發速率大約是水的一百倍，所以放一些氯乙烷在皮膚上，它就會冷到使你感覺麻痺。因此醫師把它用做皮膚小手術的局部麻醉劑。

為什麼鐵板會沉而鐵殼船不會？

一艘 10 萬噸的航空母艦怎麼可能浮在水上？我知道如果是一塊實心的鋼，它就會沉下去；然而航艦不是實心的，它是空心的。但是它底下的海水怎麼知道它是空心的？

　　東西為什麼浮在水上？這個日常謎題最受歡迎的答案一定是像這樣：「依照阿基米得原理，浸在流體（包括液體與氣體）裡的物體受到的向上浮力，等於它所排開流體的重量。這就是物體會浮的原因。」這個說法當然絕對正確，可是它的啟發之光大約與穿著長大衣的螢火蟲一樣。

　　一艘船底下的水明顯不知道壓在它上面的物體是實心的一塊，或者是能航海的瑞士乳酪（除了船身上的洞之外，我們稍後會談到它們）。不論如何，我們有關浮體的大部分經驗，從挖空的獨木舟到塑膠泡棉，使我們相信空心——在物體內部的空間——是必要條件。其實不然，物體空心只是讓它變輕而更容易浮起。輕的東西浮起，重的東西下沉。如果阿基米得那位希臘老頭子沒有愈說愈讓人混淆的話，你本來的預期就是那樣。

　　問題是，一個物體必須多輕才能夠浮起來？答案是：比相同體積的水輕。一種物質，它的一定體積所具

有的重量稱做它的「密度」。密度通常表示成某個物質每立方英尺有多少磅或者每立方公分有多少公克。如果由金屬、木材、塑膠、空間等等聚集而構成的龐大、複雜的整艘船，重量少於同體積的水——也就是說，如果船的密度少於水的密度——那麼船就會浮起來。一個實心木塊會浮的原因是它的密度大約只有水的密度的十分之六，所以不需要挖空它。

如果我們想要一艘 10 萬噸的航空母艦浮在水上，那麼我們最好認真地把它「挖空」，好讓它的總體密度降低。這當然不成問題，因為挖空之後我們才會有地方存放諸如飛機與水手這些必要的人與物。

讓我們做一些實驗以明白為什麼會浮的物體密度必須低於水。把 10 萬噸的尼米茲號航空母艦（全世界最大的）輕輕放進大到足以使航艦浮起來的極大浴缸裡。地心引力使用與航艦重量相等的力（重量就是地心引力）拉著航艦向下移動；但是當航艦進到水裡時，它在水面造成一個大洞，也就是說它必須把一些水向旁推，而且這些被擠開的水會逆向上升。當引力拉著航艦向下走時，有一些水被迫逆著引力往上走。有沒有注意到浴缸裡的水開始往上升？

最後會有多少水逆著引力往上升？答案就是與航艦受到向下拉的引力——也就是航艦重量那麼多的水，換言之，被推高的水或被排開的水將會等於航艦的重量。當那個極限達到時（在尼米茲的例子中，有 10 萬噸的水被排開，航艦就停止向下沉）。老天，它浮起來了！

　　注意每 1 立方英尺的排水量必須恰好被航艦 1 立方英尺的體積排開，這意味著航艦在水線以下的體積必須等於 10 萬噸水的體積。由於水的密度比船高，所以 10 萬噸水所占的體積小於 10 萬噸航艦的整個體積，因此航艦在水線之下的部分只是全艦的一部分。這真是幸運，因為這意味著水線在船舷上只升到水手們比較喜歡的位置，這全都是因為航艦建造的整體密度低於水。

知識補給站

潛水艇如何改變浮力？

潛水艇有時候浮出，有時候下潛，它們是如何改變浮力？很簡單。它們改變內部空間的大小，以便改變密度。想要下潛？那麼就讓水進入水箱；想要浮出？再壓縮空氣把水擠出去。不過，在實際應用上有點麻煩，因為海水的密度隨著深度、溫度及鹽度（含鹽量）而有一些變化，因此必須不斷地調整潛水艇的密度。

知識補給站

是什麼力量使物體向上浮起？

依照阿基米得的說法，有一種浮力向上推任何放在水裡的物體。那股力量是從哪裡來？如果你懷疑水會施加向上的壓力，那麼試著把氣球浸進浴缸裡。你會感覺到相當大的向上推力抵抗你施加的向下推力。

當我們把尼米茲號放進巨大的浴缸裡時，水面會上升——水變深了。每一個潛水的人都知道，較深的水意味著較大的壓力。這個增加的壓力出現在浴缸裡的水的每一個位置。水不能像彈簧或橡膠那樣緩衝或者吸收這一股力道，因而必須將增多的壓力朝每一個方向傳遞到水所接觸的每一件東西，包括船身。船身上受到的來自東西南北各方向的水平推力全都相互抵消，只剩下沒被抵消的向上推力。就是這個壓力向上推著船抵抗地心引力。萬歲！浮力。

好，我知道你在想什麼。航空母艦在海洋的航行遠比在浴缸多。難道我是告訴你當尼米茲號下水時，海洋的水位會升高？我當然是。但是，把那 10 萬噸水平均分攤到整個大西洋海面，得到的上升高度極少，不可能淹沒佛羅里達州的海濱別墅。無論如何，與浸在水線以下的艦身體積相同的水，還有與那些水重量相同的浮力仍然作用在航艦上。順便一提，阿基米得沒有航艦可用，所以依照故事的說法，他用的是自己的身體。他把浴缸裝滿了水，爬進去，然後意識到溢流出來到地板上的水的重量，必定相等於他在水裡減輕的重量（他的浮力）。

歷史沒有記載他的女房東有什麼反應。

趣味小實驗

海水密度大約比淡水多 3%。船在海水裡受到的浮力比在湖裡多了 3%，也因此會浮得稍微高一點。死海與大鹽湖因為含鹽量很高，使得密度大到產生使人驚奇的浮力。如果你有機會，選擇其中任一個漂浮看看，平躺的你只有幾英寸浸在水裡。這真是一種美妙的感覺。

知識補給站

船身上破洞為什麼會使船下沉？

水因為受到壓力而從這個洞衝進船內，程度視這個洞距離水面多深而定——洞的位置愈低，水衝進來愈猛。當水進入船身內部，它取代同體積的空氣，於是增加船的重量以及船的整體密度。當進入的水多到可造成足夠的額外重量並抵消浮力時，船就沉下去了。

魚是最好的潛水俠？

當我在水裡浮潛的時候，我看見海底有一個想蒐集
的貝殼。我試圖向下潛，但卻非常難強迫身體潛到
那麼深。不過，我卻看見周圍的魚都能隨意下潛。
魚為什麼那麼輕易就能下潛？牠們擁有了什麼我所
沒有的嗎？

　　問題出在你擁有魚類沒有的某種東西——肺。

　　魚類（或者任何其他物體）為了便於在海水裡懸
浮，牠必須有精確的中性浮力——既不會造成下沉也不
會上升。牠必須恰好具有與水相同的密度，也就是說，
牠的重量必須恰好等於同體積的海水（頁 245）。如果
重量超過，就會沉到海底。如果牠像大部分人類一樣重
量不足，那麼牠會浮到水面並留在那裡。而船隻當然是
精心設計以達成後者的情況。

　　骨骼與肌肉都比海水密度高，所以幾乎任何動物都
會下沉，除非牠含有某些很輕的東西——例如體內的空
氣袋——能補償並且降低整體的密度。我們陸地動物具
有肺臟，大部分魚類具有鰾（裝了氣體的小袋子）。不
過魚鰾大約只占魚類總體積的 5%，但是我們的肺則占
據了大部分胸腔。肺臟降低我們的整體密度，使我們的
身體比許多種類的木頭更具有浮力。

　　即使有某一種魚類的密度比海水高，牠也能藉著不

斷游泳以避免下沉。當你追逐撿拾海底的貝類時，也可以模仿魚類，努力地擺動你的「撥水器」，推動身體向下潛。但是天啊！你就是不如魚類那麼擅長運用鰭推進的藝術。即使你做得同樣地好，仍然必須更加努力，因為你會被那個叫做肺的龐大浮力產生器給拖累。

知 識 補 給 站

魚為什麼能夠隨時上升或下潛？

如果魚的密度剛好適合浮懸在水中，牠如何能夠在想要改變深度時上升或下潛？

牠當然可以隨意擺動尾巴並且游到任何想去的地方，但那只是一時的解決方法。魚類真正要做的是依照不同深度的水壓調適身體，使牠可以維持中性浮力並在那裡休息，而不需要不停努力地上浮或下潛。魚類是藉著調整鰾來做到這件事。

當魚游到較深的水裡，魚的上方會有更多的水向下壓，所以魚會承受較大壓力。這個較大的壓力壓縮魚的鰾，使魚的密度大於中性浮懸所需的正確數值。為了輕鬆地停留在那個深度，魚必須重新膨脹牠的鰾；相反地，當魚上升到較淺的水裡，牠就必須壓縮鰾以便不需要游動就保持中性懸浮。

大家以前都認為魚正是那樣做：膨脹與收縮魚鰾以調整適應不同的水深。但後來科學家卻發現魚類並沒有合適的肌肉能如此做。反之，令人驚奇的是魚類居然還是能夠改變鰾裡面容納的氧氣數量。藉著在魚鰾裡增加或者移除氣

體，魚類便可以調整密度到恰好配合水的密度，以便輕鬆地浮懸而不必太費力游動，也不需要理會水壓對魚鰾大小的影響。

當魚想要停在較深的地方時，牠從哪裡得到額外的氣體？答案是牠從自己的血液裡取出氧氣而且分泌到魚鰾裡去。當牠想要停留在較淺的地方時，牠把氧氣存在哪裡？牠從魚鰾吸收一些氧氣放回血液裡。天才！

有些可憐的魚沒有鰾，牠們的密度比海水稍大一點，所以必須不斷游泳以免沉到海底。鯖魚與某些品種的鮪魚只要游泳速率放慢就會開始下沉，但是某些比目魚類乾脆放棄努力而停留在海底。

所以如果你必須努力才能下潛，你應該慶幸有些魚必須努力才能免於下沉的事實。

問題
4

魚會得潛水伕病嗎？

我聽說魚也會像在水下停留太久的潛水者一樣得潛水伕病。對啦，我覺得這樣問很傻，但是魚在水裡能停留多久而不至於生病？

　　幸好，不需要回答這個問題，因為潛水者——還有魚——都不是在水下停留太久而得潛水伕病（更精確的說法是「解壓症」）。潛水者得潛水伕病是因為上浮得太快速，但是魚還真的會因為其他原因而得潛水伕病。

　　當潛水者身上的水壓減少得太迅速時，會在血液裡形成氣泡。至少，那很痛。而且，是的，魚也會遇到同樣事情，但卻不是因為魚向上游動得太快，而是水本身的性質改變了。

　　氧氣或多或少會溶解在水及類似水的液體裡，例如血液與體液。當然，這對於魚而言簡直是太棒了，因為魚類正是依靠溶在水裡的氧氣生存。但是空氣中占了 78% 的氮氣——對於生理過程並無用處——也會溶解在水裡與血液裡。這通常對魚或者人都不造成問題，因為我們可以經由鰓或肺吸收新陳代謝所需的氧氣並排除氮氣。不過，如果我們的血液因為某種原因而含有太多溶解的空氣，就有可能無法迅速地排出溶在血液裡的過多氮氣。於是它就會聚集成小氣泡，阻斷血液循環並摧毀局部組織。

在某一溫度下，能夠溶解在水裡的空氣數量取決於壓力。當壓力愈高，溶解的氣體也會愈多（頁26）。所以，當潛水的人下潛時，增高的水壓迫使更多氧氣與氮氣經由肺臟進入血液。

氧氣不成問題，因為血液裡的血紅素熱情地擁抱氧氣並把它輸送到細胞去，而這就是血紅素的任務。

但是當潛水者上浮且壓力減少時，如果過多的氮氣能夠如同當初它們進來的路徑——經由肺臟而離去，那就好極了。不幸地，那是一個很緩慢的過程。因此當壓力降低得太快時，過多的氮氣會直接冒泡並脫離血液，就像你打開汽水瓶而降低壓力時的二氧化碳那樣。

對於潛水者的建議，當然是慢慢浮上來，給氮氣分子一個漸漸離開血液的機會，將氮氣經由肺臟排出去。如果魚類從很深的地方迅速向上游到水面，同樣的事也可能發生，但有兩點不同：一、魚夠聰明不會那樣做；二、會發生甚至更戲劇化的事——魚鰾（頁250）會膨脹到極大以至於會從內部壓碎魚類而使牠死亡。

我們說過魚類會患潛水伕病，而且牠們真的會，以下就是原因。

假設有一條魚快樂地適應環境，在含有某一數量溶解空氣的水裡四處游動，牠的血液也調適到那個含量的氮氣。

現在假設那條魚進入因為某種原因（我們稍後再談原因）而含有比正常溫度與壓力之下多出許多氮氣的水裡，牠的血液很快就會含有超出正常很多的溶解氮氣。

這是一種很危險的情況，因為那些過多的氮氣隨時可能冒出來形成氣泡，於是魚就會得到潛水伕病。魚只能藉著游向更深處以解救自己，因為深水增加的壓力會把氣泡推回血液裡。

魚怎麼會進入含有不正常大量氮氣的水裡？其實那不見得與深度或壓力有任何關係。

例如，一條魚在某條含有標準大氣壓力下溶解的氮氣的河裡游動，然後突然碰上工廠或者發電廠剛剛排出的較高溫水域（發電廠必然排出許多的廢熱。頁328）。依照正常理論，較暖的水應該含有較少的氮，因為溶在暖水裡的氣體少於溶在冷水裡的氣體（頁26）。但如果發電廠的排放水在被加熱的時候，根本沒有機會釋出內含的過量氮氣（記住，氮氣的釋出是很慢的過程），那麼它仍然可能比正常狀況下的河流攜帶了更多的氮氣。可憐的魚發現自己游在氮氣含量高得不正常的水裡，於是牠患了潛水伕病。發電廠「僅僅」對河流排放溫水，就能殺死魚類——這只是方法之一。

另一個例子：你曾否買過兩條金魚，帶牠們回家，把牠們放在整個裝滿美好的淡水的魚缸裡，然後看著牠們發病而且死亡？以下就是可能發生的事：因為你的自來水是冷的，而且可能在水廠被噴到空中進行充氣，所以自來水中含有許多溶解的空氣。然後，你把它放進魚缸裡。水在魚缸裡緩緩上升到室溫，但是它可能仍然保有冷水時較多含量的氮氣。原因正如上面提過的，排出過多的氮氣過程很慢。所以當你把魚放進去的時候，水

可能仍然含有不正常的過量氮氣，於是潛水伕病伴隨著死亡而來。

能不能做某些事來阻止發電廠殺魚與每天發生數以千計的金魚謀殺案？能，而且很簡單，只要讓水擺久一點，然後再倒進河裡或魚缸裡。讓過多的氮氣逸散，水的氮氣含量會降低到它的溫度和壓力下正常時應有的含量，因此就會剛好適合處在該溫度與壓力下的魚。

知 識 補 給 站

深海裡的魚類如何獲得氧氣？既然大氣層隔得這麼遠，那底下能有多少氧氣？

氧氣不僅僅來自可溶解的大氣層空氣，別忘了那些吸進二氧化碳後會再放出氧氣的植物。海洋含有豐富的植物生命，而且植物放出的氧氣可以直接溶解在水裡。雖然水中氧氣的濃度不高，但魚能夠藉著不斷游泳，使大量的水流過鰓而從水中吸取許多氧氣。

在沒有足夠植物生存並提供魚類呼吸時所需氧氣的區域，魚類會移居到其他地方。

為什麼肥皂泡泡是圓的？

肥皂泡為什麼是圓的？

讓我們這樣說，如果它們是方的，你也會大吃一驚，不是嗎？因為打從我們還是個小嬰兒，經驗就告訴我們：大自然偏愛平滑。天生具有尖刺或銳角的東西實在不多，主要的例外則是某些礦物的晶體，它們會呈現美麗銳利的幾何形狀。或許這是為什麼某些人相信晶體與金字塔具有超自然能力。

但那是玄學不是科學。泡泡是圓的（球形），原因在於一種叫做「表面張力」的吸引力（頁 14）這種吸引力可以把水分子安排成「盡可能最緊密的隊形」，而任何一群粒子能夠達成的「盡可能最緊密的隊形」就是聚在一起成為球形。在一切可能的形狀中（包括立方體、金字塔形、不規則塊狀……），球形具有最小的表面積。

只要從吹管或那些更現代化的小玩意兒吹出一個泡泡時，表面張力就會使肥皂水薄膜形成它所能採取的最小表面面積。它變成一個球體。如果不是你故意吹一些空氣在裡面，肥皂水會繼續收縮成為實心的球體水滴，就像雨滴一樣。

泡泡內部的空氣會向外推頂水膜。因為氣體是由四

處碰撞擋路的自由飛翔分子構成（頁 206），所以一切氣體都對它們的局限物施加壓力。在泡泡的情況中，水膜向內的表面張力恰好平衡內部空氣向外推的壓力；如果這兩者不同，泡泡不是收縮就是膨脹到兩者相等。

想要吹更多空氣進去造成更大的泡泡？此舉會造成內部氣壓更大。為了抵消增高的內部壓力，水膜只好膨脹它的面積以造成更大的向內表面張力；所以它很合作地增大體積。但是因為只有這麼多水可供使用，它在過程中必定會變薄。如果你不斷吹進更多空氣，水膜最後沒有足夠餘裕的水可供分配到更大表面時，就發生終極的災變——你的泡泡破了。

泡泡糖發生的事完全相同，只不過向內、收縮的力量不是表面張力，而是泡泡糖裡面橡膠的彈性（沒錯，是橡膠）。彈性就像表面張力，意味著「讓我們永遠試著採取盡可能的最小形狀」。

知識補給站

為什麼我們只能用肥皂水吹泡泡？

為什麼不能用普通的水吹泡泡？

在向內的表面張力強度這方面，水是一切液體中最強的。水的表面張力強到它根本拒絕被向外拉伸，即使形成表面積最小的三維空間形狀——球形，那也不行。水知道它能擁有更小的表面積，那就是平躺著根本拒絕伸展到第三維，所以純水不會形成任何形狀的泡泡。至少，不形成能

持續超過一瞬間的泡泡。

肥皂有降低水表面張力的效應（頁 14）。肥皂把表面張力降低到水的「皮」可以拉伸成三維空間的形狀。

至於酒精的表面張力則低到根本無法形成泡泡，這就像試圖用幾乎完全沒彈性的普通口香糖吹泡泡。

所有的液體都是濕的嗎？

所有液體都是濕的嗎？

不，液體不一定全都是濕的。即使是水也不會永遠是濕的，要看「被沾濕的」是什麼。

不過，如果問語言學家這個問題，他會告訴你這是個愚蠢的問題。「濕」這個字在英文的根源裡與「水」這個字關係極親密，以至於「濕」向來意味著「沾上了水」。水依照定義就是「濕的」；「濕」的相反則是「乾」，意思是「沒有水」。

但語言只是不精確地表達事實。水與濕在語意上關係密切的原因是，當我們原始的祖先需要一個字描述你從河水裡爬出來的樣子時，他們並不認識其他的液體。畢竟，水不僅是地球上最豐富的液體，也是最豐富的化合物。即使今天，大多數人要說出二或三種其他液體時，仍會感到是嚴重挑戰——像血液或牛乳之類的當然不算，因為它們的液態部分仍然是水。

不過，世上確實存在無數種其他的液體。原則上，任何固體物質都可以藉加熱而熔解成液體，而且任何氣體也都可以凝結成液體。只不過水恰好在生命現象存在的大部分溫度範圍內以液體形式存在。這當然並非純屬巧合；生命很可能是在水中發源的，而且液態水仍是一

切生命形式所不可或缺的。

那麼這個隨時無所不在的水為什麼是濕的？我們從河裡爬出來的時候，它為什麼沾在我們身上？我們原始的祖先應該會喜愛這個解釋：水沾上我們是因為它喜歡我們。

用比較科學一點的方式解釋，水分子會去黏附的是某些分子對水具有吸引力的物質。如果一滴水裡的分子與我們皮膚表面的分子沒有吸引力，水滴就會滾落。我們的任務就是找出那些吸引力可能是什麼。

我們在這本書的其他幾個地方談到水分子具有極性而且像微小磁石一般互相吸引的事實（頁 132）。水分子也藉著氫鍵互相吸引（頁 133）。如果接近的外物分子也具有極性或者也受到氫鍵影響，水分子就會像受到水分子吸引一般受到外物分子吸引。換句話說，水會沾濕那個物質。

大部分蛋白質與碳水化合物，包括我們皮膚裡的蛋白質與木材、紙張、棉花以及其他植物性物質裡的纖維束構成分子，都具有水分子願意親近它們的正確性質，因此它們會被水沾濕。但是油性與蠟性則具有某些物質不被水沾濕的特性。

趣味小實驗

把蠟燭浸到一杯水裡，你就會看出來水不見得是濕的。水有時候是「濕的」，然而有時候不是，全看我們想要它沾濕什麼而定。

　　其他的液體呢？它們永遠是「濕的」嗎？我們可能會想到食用酒精、外用酒精、汽油、苯、橄欖油，甚至像水銀這樣的液態金屬。和水一樣，這些液體也會沾濕與它們的分子感到相互吸引的物質。就人類的皮膚而言，前五種液體能夠與「皮膚分子」找到夠多相似之處並附著在皮膚上，所以這些液體會沾濕人體。但是金屬的原子與我們的「皮膚分子」毫無相同之處，所以不會沾濕皮膚。

　　有些物質加進水裡後，會使水變得更具有沾濕力，肥皂就是最常見的一種（頁14）。

趣味小實驗

如果你有機會把手指浸進水銀裡，你會發現手指拿出來就像浸到水裡的蠟燭一樣乾（不要停留在水銀上方，它的蒸氣有毒）。但是浸一片清潔的銅或黃銅到水銀裡，水銀就會熱烈地沾濕它。原因是金屬原子全都具有相似的吸引力而且傾向聚在一起。如果你至少曾經做過一些焊接工作，就知道熔解的（金屬）焊料會沾濕你想接合的金屬零件。

知識補給站

酒精比水還濕？

「濕」其實是相對的用語。有些液體比其他的更濕，它們更容易分散而且流滿正在沾濕的表面。令人驚奇的是，就液體而言，水並不是很好的沾濕者，例如酒精就比水濕得多。那是因為水分子互相聚集力太強以至於即使鄰近的分子具有正確的分子特性，水分子仍然容易忽略它們而不與它們附著。

Tips　　所有的液體不見得都是濕的，甚至水有時也是乾的。

打個賭，熱水會先結冰？

就問這麼一次，熱水是否比冷水更快結冰？有些人發誓說是這樣。是否有更確定的科學答案？

很抱歉，既是更快又不是更快。

從 17 世紀初期，這個爭論就鬧得很兇。法蘭西斯・培根爵士（Sir Francis Bacon，英國哲學家、評論家及政治家）在當時就曾加入「跟你賭熱水先結冰」的陣營。

唯一適合這個謎題的答案是：「看情況。」這要看凍結究竟是如何進行。使水結冰聽來可能只是件最單純的事，但卻有許多因素足以影響結果。多熱叫做熱？多冷叫做冷？我們在談的水有多少？水裝在什麼樣的容器裡？水具有多大表面積？水是如何被冷卻？還有，我們所說的「先結冰」又是指什麼意思（表面上一層薄冰或者整塊結冰）？

先讓我們聽一些贊成與反對的說法。

反對者：這是不可能的！水必須先冷卻到攝氏 0 度才會結冰。熱水要走的路就是比較長，所以不可能贏得競賽。

贊成者：是的，因為物體與環境的溫差較大時，熱

從物體傳走的速率會更快。愈熱的物體在每分鐘冷卻的度數也會愈多，所以熱會更快地離開熱水，並使熱水的冷卻速率更快。

反對者：或許。但是誰說熱是藉著傳導離開的？還有對流與輻射，看看我們本書頁 32。無論如何，那只是說熱水會在奔往攝氏 0 度的賽跑中追上冷水，但它永遠不會超過冷水。即使熱水追到與冷水相同的溫度，它倆在那之後就以相同速率冷卻。最多，它們也只是同時結冰。

贊成者：噢，是嗎？

反對者：是的！

看來爭論已經達到理性逐漸消失的情況。我們或許可以調停這項討論而且告訴大家，到目前為止，反對者比較有理。很明顯的，在絕對相同且控制的條件下，熱水永遠不會比冷水先結冰。不過，問題可就出在熱水與冷水在先天上就處於不相同的條件下。即使我們有兩個相同的開放容器，並以完全相同的方式冷卻，事實上，有幾個因素可能造成熱水獲勝，以下是其中幾個：

1. 熱水蒸發得比冷水快。

如果水量完全相同（這當然是絕對必要的），當熱水降到事關重要的攝氏 0 度時，熱水容器裡剩下的水會變得比較少，而較少的水自然能較快結冰。

如果你認為蒸發的影響微不足道，請考慮以下的事：在家中以自來水製成的熱水與冷水溫度分別是攝氏

60 度與 24 度，熱水蒸發速率幾乎是冷水的七倍。在一、兩小時內，容器裡的熱水可能因為迅速蒸發而減少很多。但隨著熱水冷卻，它的蒸發速率也會逐漸降低。無論如何，熱水在冷卻途中很可能損失數量可觀的水。

2. 水在很多方面是不尋常的液體。

其中之一是它──相對而言──需要許多熱量才能提高 1 度水溫（行話：水的熱容量很高）；反之，每降低 1 度水溫也需要許多冷卻。如果容器裡的水稍微減少一些，那麼就可能少需要一些可以把水降低到冰點溫度的冷卻。因此，如果一開始熱水容器因為蒸發而僅僅損失一點點的水，它仍然可能比冷水容器裡的水更先抵達冰點。也就是說，熱水真的可能追過冷水而領先抵達終點線。不僅如此，水一旦處於冰點溫度，需要額外移除更多熱量才能使水實際凝結成冰──每公克的水大約需要移除 80 卡（頁 221）的熱量。同理，即使水只少一點點，還是意味可以大量減少使它結冰所需的冷卻。

3. 蒸發是一個冷卻過程（頁 240）。

蒸發較快的熱水因此對正在進行的冷卻過程增加額外的蒸發冷卻。較多的冷卻可能意味著較快的結冰。

4. 熱水含有的溶解空氣比冷水少。

溶解在水裡的任何物質，包括氣體，都會使水在較低的溫度結冰（頁 124）。溶解在水裡的空氣（或者任何其他東西）愈多，水就必須冷卻到愈低溫度才可以結冰。熱水因為溶解的空氣較少，所以不必冷卻到與冷水一樣低的溫度，於是可以早一點結冰。

　　但是最後這個時常被引用的理由卻不見得成立。因水中溶解的空氣而降低的冰點溫度僅僅只有幾千分之一度而已。但是（總是會有但是），許多人宣稱在沒有暖氣的房子裡，當水管在冬季結冰時，先結冰的通常是曾經流過高溫熱水的熱水管。

　　考慮所有因素後，在某種情況下，冬天留在戶外的一桶熱水很可能比一桶冷水先結冰。即使「懂更多的」科學家與其他懷疑論者，也應該相信加拿大人所宣稱的「曾經看過這種事發生許多次」。這個例子最大、也是最可能的緣故就是因為熱水桶蒸發而損失一些水，但是大量的研究還沒有找出加拿大人為什麼要在冬天把好幾桶水留在戶外的原因。

　　這裡面還是有許多麻煩的地方。首先，容器裡的水不會整體均勻地冷卻降溫到攝氏 0 度再突然結冰。它是不規則地冷卻──端視容器的形狀、厚度、材料、主要氣流方向與其他一些變數而定。因此，要讓水面上開始出現一層薄冰可能要碰點運氣，而且不見得表示其他的水也即將要結冰了（最先形成的冰必定是在水的表面。頁 272）。

　　其次，信不信由你，水可以被冷卻到遠低於攝氏 0 度但仍然不結冰。水可以超冷，但除非有外來影響刺激它結冰，否則它不會形成冰晶體。水分子可能全都待命要進入剛性的冰晶結構之內，但是它們還需要臨門一腳：或許是一顆可以讓它們聚在周圍的塵粒，也或許是容器內壁上的不規則之處。

考慮到這些不確定因素，我們什麼時候才能夠精確地說某一桶水已經「結冰」呢？事實上，有兩桶水正在進行一場沒有清楚定義終點線的賽跑。

考慮所有事情後，我們最多只能說：「有時候熱水可能比冷水先結冰。」

趣味小實驗

如果你忍不住想衝進廚房，然後將兩個製冰盤分別裝滿熱水與冷水，再放進冷凍櫃裡看哪一個先結冰，你可以別大費周章了。因為存在太多不可控制的變數（就是指你無法控制的事情）。你可能這次得到一種結果，下一次得到別種的結果。那些會從使水結冰談到治療疣等任何事的人常說：「我知道它有效，我試過了！」他們其實就有這種問題。你只需要審視可能影響結果的每一件事，即使對於製造冰塊這麼單純的事，也可能找出幾十個被疏忽的因素。

鐵達尼號沉了，為什麼冰山不會？

為什麼冰山與冰塊會漂浮？固體難道不是通常會比液體重嗎？

對，通常是，但水是個例外。這個問題聽起來可能很容易，答案的重要性卻攸關生死。如果冰不會浮在水上，我們今天甚至可能不會在這裡納悶它不會浮的原因。讓我們看看若冰會沉到液態水底，將發生什麼事。每當史前時代的天氣冷到能凍結湖泊、河流或池塘表面時，冰會立即沉到水底。當冰塊上方有那麼多水隔熱，隨後的溫暖天氣可能根本不會熔化水底的冰。接著，下一次結冰將會在水底積存另一層冰，如此繼續下去。

要不了多久，除了赤道附近永不結冰的地帶外，地球上大部分的水都會凍成固體並從水底堆積上來。即使是溫暖的季節，也可能沒有足夠時間熔解到底層。而那些原本經過演化後形成我們的原始海洋生物，可能根本就沒機會發展。這個世界將會相對地缺乏生命氣息。

固態的水（冰）浮在液態的水上面是我們如此熟悉的事，以至於我們沒有意識到它其實是不尋常的現象。當大部分的液體凍結時，就相同體積而言，固體形態比液體形態更重、密度更大。那正是我們所預期的事，因為固體裡的分子比自由流動的液體分子堆積得更緊密，

所以固體自然比較重而且會下沉。你可以利用在平常溫度就會凝固的液體——例如石蠟——來試看看。

趣味小實驗

把一塊固體的蠟放進熔化的蠟裡，然後看著它下沉。固態的金屬、油類、酒精等等，放進它們的熔解態都有相同結果。但若是進行把冰塊放進一杯水的實驗，你會得到相反的結果——冰塊會浮起來。

水反其道而行的原因在於水分子在冰塊裡是以獨特的相互連接方式存在。他們是藉著水分子之間的橋梁（氫鍵。頁 133）來連接的。讓我們想一想橋的作用。住在布魯克林（位在紐約市長島）的人或許會說布魯克林大橋把布魯克林連接到曼哈頓（位在紐約市曼哈頓島），但是曼哈頓區的人或許會堅稱這條橋分隔了布魯克林與曼哈頓。就某一種意義而言，他們都是對的，氫鍵對於冰裡面的水分子的作用也是這樣——它們把分子結合在一起但是也保持它們相隔某個距離。

所以水分子會形成類似開放的格子狀結構，而不像是其他固體裡的分子那麼緊密地擠在一起。分子在冰裡的相隔距離比在液態水裡更大，所以冰占據的空間更大。一定重量的水在冰的形式比在液體的形式多占據 9% 的空間。

如果結冰中的水因為受到限制而不能膨脹，那麼它

趣味小實驗

仔細觀察冷凍櫃製冰盤裡的冰塊，你會注意到冰塊具有小小的山峰。冰塊在凍結過程中必須膨脹，因為旁邊和底部都受到限制，唯一能膨脹的方向就是上方了。

在膨脹時就會試圖撐破最堅固的容器。這也是為什麼水管與汽車引擎會被裡面結冰的水撐破的原因。

　　冰裡面的橋梁不是在凍結的一瞬間突然形成的。當我們開始把水從室溫冷卻下來時，水的密度就像其他液體一般愈來愈大，因為分子運動變慢所以不需要那麼多活動空間。大部分的液體在凍結前會一直增加密度，於是固態的密度是最高的。但水可不是這樣。

　　水的密度只增加到某一點就停止。當水冷卻到華氏 39.16 度或者攝氏 3.98 度之後，它開始反方向進行──隨著水面冷卻而減少密度。這是因為某些橋梁開始形成。最後，在華氏 32 度（攝氏 0 度）時，所有橋梁就定位，水凝結成冰而且密度降低到在所有溫度下的最低值。這也是為什麼冰會浮在任何溫度的水上的緣故。

　　水在華氏 39 度具有最大密度的事實，對生物有進一步的重大影響。當寒冷天氣冷卻淡水湖泊的表面時，表面水的密度會增加並下沉。其他的水開始取代它的位子，繼續被冷卻且下沉。這會持續進行到湖裡所有的水都被冷卻到最大可能的密度 ── 在華氏 39 度的密度──然後下沉。接著表面上的水才會繼續冷卻那最後

的華氏 7 度，而在華氏 32 度時形成冰。

當湖泊上能夠形成表層冰的時候，湖裡全部的水都處於華氏 39 度的溫度。不論天氣再冷，任何低於華氏 39 度的水都留在上面（因為它比較輕），於是底下的魚不會冷到凍結。

這也是水的特異行為──容許地球生命存在的另一個原因。

知識補給站

為什麼只有南、北極附近的海洋會結冰？

在真實的淡水中，溫度變動、風、水流與其他混合現象會弄亂前述提到的層次分明的水溫。只有在「其他一切條件相同時」（這是個萬用卸責藉口），我們剛才說的現象才會占上風。

不過，在海洋裡卻不太是這麼一回事。

因為海水含有足量的鹽，所以不會在華氏 39 度時具有最大密度。當海水溫度下降時，它只是不斷增加密度而且不斷下沉直到它的凝固溫度。如果要在海面上形成冰，所有水的溫度必須先降到凝固點。而這只有在靠近南、北兩極長期嚴寒的冬天才會發生。

Tips 指給我看一個表面上結了一層冰的淡水池塘，我不需要溫度計就能告訴你池底的水溫。

問題
9

為什麼「水會找到自己的水平面」？

水如何去「找到自己的水平面」？我意思是說，某一部分的水怎麼知道不論距離多遠的其他部分的水平面？

這不需要通靈的力量，只需要地球引力。

「水會找到自己的水平面」或許是兩千年前的一位希臘哲學家曾說過的一句引人注意的話。大家在那之後就不斷鸚鵡學舌。以淺顯的文字說，它的意思是水會盡可能地平躺。

如果某個體積的水（不論一桶水、一浴缸水或海洋）不受干擾，不論剛開始多麼波濤洶湧，它都會迅速安頓下來並形成完美的平坦表面。它會找到精確的數學平均水平 —— 像一大群拿著儀器的測量員所做的一樣——精確算出平均高處與低處的差距。但是「小山」究竟怎麼知道它應該下跌，而且「山谷」怎麼知道它應該上升？這完全是因為水——與其他液體一樣——是不可壓縮的。你無法像對待氣體那樣，藉著推擠而使水占據比較小的體積。原因是液體的分子已經盡可能地互相靠近，所以不論什麼（合理的）力量去推都不能使它們聚集得更緊密一些。

關於推擠的敘述也適用於拉伸。先假設水面上有一

座「小山」。地心引力試圖把它拉下來，但是它的水分子無法聚集得更緊密以順應引力；它們能做的就只是向旁邊散開並進入高度較低的周圍地區。結果小山就消失了，而且山谷也填平了。

地心引力當然也會向下拉扯山谷裡的水，但是它已經處於最低的位置。為了要走得更低，它勢必把下方的水送到其他的地方，例如到小山上。但這樣當然違反了地心引力。

如果泥土的分子能夠像水分子一樣容易相互滑溜而過，一座泥土小山的行為也會與水的小山相同。沙丘則是介於兩者之間的情況。它的沙粒能夠進行某種程度的流動，所以一座太高的沙丘會像水一樣「找到自己的水平」，不過它可能永遠達不到它要找的境界。所以水更像一座由彈珠堆成的小山而不像沙丘。

好吧，這些你都知道。但是這個原理具有真正令人吃驚的應用──水位計。你應該看過它們。鍋爐或其他不透明的裝水容器外面都有一個垂直的玻璃管，它與容器裡面的水相通。雖然你無法看見鍋爐裡的水位，但是你卻可以判斷水位高度，因為它與鍋爐外面玻璃管裡的水位完全一樣。玻璃管裡的水怎麼知道鍋爐裡的水位在哪裡？

如果鍋爐裡的水位一時高於水位計裡的水位，它會自己降下來扯平，就像前面提過的「小山」那樣。在這樣的情況下，小山過多的水而沒有山谷可去──除了玻璃管外。結果呢？玻璃管水位上升，鍋爐水位下降。當

這兩個水位相等時，水流就停止了。反過來，如果玻璃
管裡的水位一時高於鍋爐內部的水位，結果也是一樣。
不論哪一種情況，它們都會變成完全相同的水位。

趣 味 小 實 驗

你的廚房裡有沒有那種看來像是迷你澆花器的塑膠製肉汁
分離器？就是那種可以讓你倒出底部的湯汁，但是不會倒
出頂部凝固肥油的東西？用它代替鍋爐與水位計做說明是
很棒的。在它裡面裝一些水，注意不論水罐部分（鍋爐）
是什麼水位、如何傾斜，在透明的澆水管（水位計）裡，
水位都完全與水罐一樣。

在紐約煮蛋會比在墨西哥市熟得快？

為什麼在紐約市煮蛋會比在墨西哥市熟得快？

如果我們能把這個差別歸因於「大蘋果」（意指紐約市）的急驚風與墨西哥市的悠哉，那可就好玩了！不幸的是，我們不能。這個差別甚至和蛋沒關係，原因出在水。你是不是想到了？

當水沸騰時，在紐約的水會比在墨西哥市的更熱一點。比較熱的水當然能夠在較短時間內把一顆蛋煮到相同熟度。

再稍微思考一下，你會發現除了更難找到好吃的燻肉三明治之外，紐約市與墨西哥市最大的不同是海拔高度。在墨西哥市，一般爐子的高度會比紐約市的爐子高出 7347 英尺。事實上，海拔愈高時，水的沸騰溫度也會愈低。

低多少呢？如果純水在紐約市的沸點是華氏 212 度（攝氏 100 度。但其實並非如此。頁 279），那麼它在墨西哥市的沸點就是華氏 199 度（攝氏 93 度）。雖然差別不是很大，但是在紐約花三分鐘可煮熟的蛋，在墨西哥市必然要花更多一些時間。

只要了解了沸騰的性質，原因就很單純了。水分子先具足能夠脫離鍋裡的同伴的能量，然後再聚集成上升

的氣泡，最後才飛散到空氣裡並形成蒸氣（頁 241）。

　　為了要脫離，水分子必須具有足夠的能量——它們必須處於夠高的溫度——以克服兩個相互無關的力量：一、它們必須掙脫將它們聚集在液體內的附著力；二、它們必須克服大氣層施加在水面的壓力。該壓力像是一大群會反彈的冰雹般、不斷轟擊水面的空氣分子。

　　那些撞擊力的總合經過水傳遞到水中的每一個分子。雖然水面的分子能夠飛進空氣分子之間的巨大空隙，但是在內部的水分子就必須克服這個總合壓力才能夠跑出來。

　　不論水分子是「曼哈頓」或者「瑪格麗特」[1]的一部分，液態水分子之間的相互附著力當然是一樣的。但是大氣壓力又是另外一回事了！墨西哥市的空氣密度只有海平面的 76%。這那意味著每秒鐘大約只有四分之三的空氣分子轟擊水面，因此水分子不需要那麼多能量就足以殺出一條路向上衝出並飛散逃逸。也就是說，不必煮得那麼熱。

　　還有另一個極端的情況。在地球上，最高的地點是埃佛勒斯峰，它比海面高出 29028 英尺（8848 公尺）。在這個高度的大氣壓力只有海平面的 31%，而且水的沸騰溫度也只有華氏 158 度（攝氏 70 度）。不論你因為爬山而變得多麼飢餓，那個溫度會令大部分的東西都煮不熟。

註 [1] 兩者皆為調酒名稱，且分別意指紐約與墨西哥市。

知識補給站

利用人為方式提高水面壓力，能夠使水更熱嗎？

絕對可以，而且這正是壓力鍋所做的事。把只有一個小孔供蒸氣逸出的密合鍋蓋緊緊夾在鍋子上，然後在小孔上壓一個砝碼以確保鍋子內部維持在某一個經過計算的蒸氣壓力（而不是讓蒸氣自由地逸散到大氣裡）。我們也可以使用某種壓力調節器。它會將壓力固定在預先設定的數值。接著，鍋裡的「大氣」壓力會被維持在那個較高的數值。典型壓力鍋的壓力會比正常大氣壓力每平方英寸高出 10 磅（每平方公分 0.70 公斤），這時的沸騰溫度——也就是鍋內蒸氣的溫度——是華氏 240 度（攝氏 115 度）。那足以迅速完成本來需要長時間燉煮的菜式，例如燉肉。不僅如此，壓力鍋裡的空間也充滿了蒸氣，它是比空氣還要好得多的導熱體（頁 38）。所以鍋裡任何部分的熱都比鍋裡充滿空氣時更有效率地傳導進食物裡。這也同樣使烹煮過程更加迅速。

暴風雨天燒開水，沸點會比較低嗎？

如果因為大氣壓力改變而使水的沸騰溫度因高度而改變，那麼，難道它不會也隨著天氣而改變嗎？

依照天氣預報，即使在同一個地點，大氣壓力也永遠在變化。

你想的對極了，但是天氣對於水的沸騰溫度只有很小的影響。

大家都說水在海平面的沸點是華氏 212 度（攝氏 100 度），但這種說法並不嚴謹，因為純水沸騰溫度的標準定義根本沒提到海平面。它定義的方式是引用特定的大氣壓力 ——29.92 英寸高（760 毫米）汞柱（頁 208）。這是所謂海平面地點典型的、但不保證是大氣壓力的數值。每一個愛看電視天氣預報的人都知道，不論是不是住在海邊，氣壓都隨天氣而改變。所以水的沸騰溫度確實取決於那時候的天氣狀況。

科學家很任意地選擇剛剛好 760 毫米的汞柱做為他們所說的一個「大氣壓」的標準（看來怪異的 29.92 英寸數值只是從毫米轉換到英寸所發生的，因為每英寸有 25.4 毫米）。在標準壓力之下的沸騰溫度叫做「正常」沸騰溫度或者正常沸點，而這也就是華氏 212 度或者攝氏 100 度的真正意思。

　　知道這個事實雖然可以在朋友面前炫耀，但是大氣壓力對於水沸騰溫度的影響沒有大到足以憂慮的地步。即使你恰好坐在颱風眼裡煮一壺茶，那裡的氣壓就算可能下降到 710 毫米汞柱（世界最低紀錄是 25.9 英寸或者 658 毫米），沸點溫度只會下降到華氏 208 度（攝氏 98 度）。令人安慰的是你的茶仍然夠熱。

為什麼溜冰會比跑步快這麼多？

人類奔跑的最快紀錄大約是時速 23 英里，但溜冰則在時速 31 英里以上。明顯地，在冰上滑溜必然提高人的速率。但是冰為什麼適合溜？是什麼東西使它滑溜？

　　事實上，固體的冰本身並不滑溜。溜冰的人是溜在冰表面那一層液態水的薄膜上。

　　固體通常不滑溜，因為它們的表面分子緊密結合所以不能像滾珠軸承般地滾動。另一方面，液體的分子能夠自由移動，所以液體通常比固體滑溜（頁 134）。磁磚或者混凝土地板上的一點水，就可以使地板變成喜愛意外事故的律師的美夢。

　　但科學家仍是意見紛紛。究竟是什麼原因造成冰表面上的液態水薄膜？明顯地，它必須來自輕微的熔解，但又是什麼使冰熔解？

　　一百多年來，人類試圖解釋這個簡單的日常現象，得到兩個解釋──壓力熔冰與摩擦熔冰。兩個論點相持不下。

　　壓力熔冰的陣營堅持是溜冰鞋冰刀對冰的壓力（或者雪橇對雪的壓力）造成熔解。如果對冰施加壓力，毫無疑問會熔解它。因為固態的冰占據比液態水更大的體

積（頁 270），所以如果對一塊冰壓得夠用力，便可以壓迫它崩潰成體積較小的形式，也就是液態水。溜冰者的體重集中在冰刀小小的面積上，因而形成每平方英寸幾千磅的壓力。但問題是即使這麼強烈的壓力也不足以造成足夠快速的熔解，尤其當冰很冷的時候，冰的分子會以最牢固的方式停在它們的剛性位置。

等一下！即使是冰塊與冰刀，兩個固體接觸磨動必然會產生摩擦，而摩擦會生熱。依照摩擦熔冰陣營的說法，這個摩擦生熱足以在冰刀與雪橇滑過冰與雪的時候熔解出連續的液態痕跡。

今天最好的證據似乎較偏向於：摩擦熔冰加上不比冰點低太多溫度時的壓力熔冰。

趣味小實驗

先用一塊毛巾包住手避免體溫造成熔解，然後從冷凍櫃裡拿出一個冰塊或整個冰盤。再用手指輕滑過冰塊表面並觸摸它，不要太用力。你會發現，在體溫與摩擦生熱還沒能稍微熔解冰塊前，冰塊一點也不滑溜。

Tips　乾淨的冰塊不會滑溜（但是別在酒吧裡測試這件事，因為酒保的冰塊可能不夠冷，它或許一開始就是濕而滑溜的）。

問題
13

為什麼我們天生就知道水能滅火？

這一定是從穴居時代就流傳下來的先祖記憶。我們似乎全都直覺式地知道水能滅火，而且從不質疑這件事。那麼，水為什麼會滅火？

在我們繼續談下去之前，請牢牢記住：在電線走火或油脂起火時，千萬不要用水去撲滅。理由是，水會導電而且把電帶到別處——或許正是你的腳下；又因為水與油脂不混合（頁131），水只會沖走油並擴散火災。

火需要三件事才能生存：燃料、氧以及足夠的高溫（至少在一開始，溫度必須高到足以引燃燃料並使燃燒反應開始進行）。在那之後，燃燒反應放出的熱比維持燃燒所需的還多。

顯然，第一件該做的事就是去除燃料；因為沒有可燒的東西，就沒有火。但水無法做到，所以它進攻另外兩個要素：氧氣與溫度。

來自水桶或者消防水管的一大股水能夠像毯子一樣使火窒息，靠的就是阻隔空氣。即使在短時間內形成的一層薄薄水膜也能生效。沒有空氣，就沒有氧氣，也不會有火。

水也能夠降低燃燒中物質的溫度。每一種可燃物都必須達到某一個最低溫度後才會引燃與燃燒。如果水把

那個物質降到特定溫度下，就不會再燃燒了。即使是熱水，也遠低於大部分物質燃燒時所需的溫度。

滅火不見得需要一大股水。灑水器的水即使在水滴之間留下許多氧氣可用，還是能滅火。所以它一定是靠著降低溫度來滅火──還記得跑過草地灑水器旁的涼爽感覺嗎？

灑水器有兩個方式降低溫度。首先，小水滴裡的水容易迅速蒸發，而蒸發是冷卻過程（頁240）。其次，水有一個特點使它比任何液體更適合用來滅火──它可是位吸熱大胃王。水對於熱的胃納龐大，1磅水要吸收252卡熱之後才會上升華氏1度的溫度。

那很多嗎？讓我們比較同為1磅的其他物質上升華氏1度時所需的熱──水銀需要8.3卡；苯，63卡；花崗岩，48卡；木材，106卡；還有橄欖油，118卡。

這個含意就是少量的水在被蒸發前會吸走大量的熱能並以蒸氣的形式離開房屋。因此水是極有效的冷卻媒介。這也是汽車冷卻系統採用水的原因。當然，價錢低廉也是原因。

知識補給站

濕的東西為什麼不會燃燒？

就像我們剛才說的，水是最好的吸熱物質，而且在吸熱過程中不會變得太熱。當你用火去點濕的東西時，水就像海綿一樣吸收熱量，使物體本身無法熱到足以引燃。

趣味小實驗

這件事會使你大吃一驚！放一些水在沒上蠟的紙杯裡（不要用塑膠杯），然後想個辦法把它架起來（高到足以放得下一根蠟燭）。接著在紙杯底下放一枝點燃的蠟燭。紙杯不會燒起來，但一會兒後，水會熱到沸騰，原因是水從紙吸收熱量的速率與蠟燭給紙的熱量一樣快。即使在水沸騰時，水溫也始終不超過攝氏 100 度（頁 64），而這個溫度距離引燃紙張還遠得很。因此蠟燭的熱會被用來使水沸騰，而不會使紙張加溫。

冰塊為什麼這麼吵？

我把冰塊放進酒裡面的時候，它們為什麼劈啪、吱吱而且嘭嘭響？

如果你是用語言學專業的耳朵來聽，你會發現冰塊其實沒有嘭嘭響。嘭嘭意謂某種程度的空洞，但是它當然會劈啪響，而且偶然還會吱吱響。

首先，劈啪響。當你把冰冷的冰塊放進溫暖的液體時，水會暖化冰塊的某一部分。這容易使那些部分稍微膨脹，並且使冰晶體遭受應力。因為冰具有很剛性的結構，所以不能隨意在這裡或那裡亂膨脹。晶體唯一解除這些應力的方法就是裂開，那就是你聽到的劈啪。

其次，吱吱，這聽來像是一連串的微小爆炸。正是如此。除非你用冷開水而非自來水製作冰塊，否則就有溶解的空氣存在你製冰盤的水裡 [2]。當水凍結時，因為在冰的剛性、固體結構裡沒有裝空氣的地方，所以空氣必須形成微小、孤立的氣泡。這些氣泡會使得冰塊變成半透明而不是晶瑩透澈的樣子。

現在把充滿氣泡的冰塊放進一杯酒裡，水會努力熔解冰塊的表面，並愈來愈深入冰塊內部。當水深入時，它碰上一個氣泡。氣泡形成的時候含有冷凍櫃溫度的空

註 [2] 美國的自來水可生飲，但台灣的自來水可不能。

氣，但是它現在被推進中的水暖化，於是它想要膨脹。
可是包圍它的冰牆沒有薄到容許它突破前，它不能膨
脹。於是，當它可以膨脹時，會「啪！」地炸出一條路
來。成千上萬這些微小的爆炸發生在冰塊表面各處，形
成微弱的吱吱或者滋滋噪音。

　　在北極潛航的潛艦官兵，都能清楚聽見冰山與冰河
向南進入較溫暖水域時發生的這種噪音。

趣味小實驗

把水煮沸幾分鐘以便消除大部分溶解在裡面的空氣，接著
讓水冷卻並倒進製冰盤裡以凍結它。你會發現冰塊裡的氣
泡不是很多（在強光底下比較這種冰塊與普通冰塊）。以
冷開水製作的冰塊放進酒裡時，它也會劈啪，但是不會吱
吱太多。你可以享用一杯比較安靜的酒。

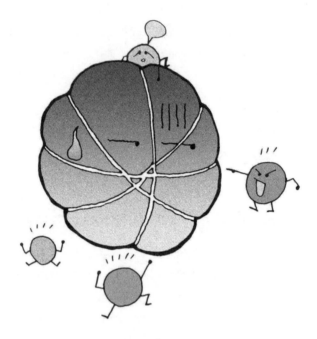

第 **7** 章

胖原子如何
減肥？

關於物理的 13 個科學謎題

事情是這樣的。

我們已經仔細審視了一百多件日常生活中常發生的事,而且明白它們發生的原因。但這就是科學嗎?難道科學就是對每一個單獨的事件提問,並找出獨特的解釋,然後繼續再解答一個又一個的事件?絕對不是。我們討論過的許多狀況都有幾個共通的廣義原理,而且相互有關。交互參考這些問題之後,我們發現它們之間存在相當多的關聯。

如果我先解釋廣義的原理,然後再展示它們如何應用到我們的日常生活中,這將會更合乎邏輯而且更有效率。但若這樣做,就不會有一本問答式的書,而是一本教科書。相信這不會是你想要的。

無論如何,那些廣義原理確實存在,科學家稱之為「理論」。當一個理論經過徹底測試,而且光采地通過試驗後,它就有可能達到備受尊敬的「自然律」的地位。自然律只是用比較優雅的方式形容:「世界是如此運行,雖然我們可能不清楚為何如此,但不論喜歡與否,事情就是這樣。」你聽說過牛頓的萬有引力定律,或許還聽過運動定律,但你可能沒聽過熱力學三大定律。這些定律支配著能量的變化,而且沒有一件事(絕對沒有)發生時不伴隨著能量變化。

科學也找出許多針對事物本性的廣義描述。本書最後引用那些廣義原理來回答有關能量、引力、質量、磁力,與輻射(從在黑暗中視物到透過鉛視物)的根本問題,而我也將在此篇章中介紹所謂的公制。

這一章(以及這本書)用似乎孩子氣卻深奧的問題做結束:「決定事情會不會發生的是什麼?」熱力學第二定律會給我們答案。

有　　　趣　　　的　　　謎　　　題

1. 紅外線是「光」還是「熱」?
2. 超人的 X 光眼睛為什麼看不透鉛?
3. 為什麼拿黃瓜片敷臉會涼涼的?
4. 愛因斯坦究竟想說什麼?
5. 胖原子如何減肥?
6. 為什麼磁石吸鐵卻不吸鋁或銅?
7. 天上掉下來的小石子會不會打傷人?
8. 原子和分子會永遠動個不停嗎?
9. 為什麼度量衡要改用公制?
10. 為什麼不同的東西輕重會不同?
11. 這是誰的 DNA?
12. 能量也能夠回收再利用嗎?
13. 為什麼總是有破不了的定律?

紅外線是「光」還是「熱」？

> 我不了解紅外輻射。它為什麼可以使我們在黑暗中看見東西？大家有時候叫它「光」，有時候叫它「熱」。它究竟屬於哪一種？

　　嚴格說來，兩者都不是。因為我們看不見它，所以它不是光；又因為它不含有能讓本身變熱的物質，所以也不是熱。我喜歡稱它是「傳遞中的熱」，你稍後就會明白。

　　紅外線只是太陽遍灑在我們身上的各樣電磁輻射中的一個區段。電磁輻射是在空間中以光速行進的能量波。它們身為純粹的能量，不同於那些其實是微小粒子流的輻射。例如：某些粒子輻射是放射性物質發出。

　　電磁輻射互相之間只有能量的差別。能量最低的輻射是無線電波，能量最高的則稱做「伽瑪射線」（gamma ray）。在這兩者間，依照能量由低至高還有：微波、紅外輻射、可見光、紫外線與 X 光。伽瑪射線大部分來自放射性物質，至於無線電波、微波與 X 光，則必須由人為產生。波譜（電磁輻射能量高低分布的範圍）的其他部分都由太陽公公大量供應。

　　我們必須擁有合適的儀器，確切調整到想偵測的輻射能量，才觀察得到電磁輻射。不過針對一小部分的太

陽波譜，我們擁有一種很神奇、稱作「人眼」的儀器；能由這種儀器感測到的波譜就叫做「可見光」。至於無線電波與微波，我們則需要天線接收它們，再以電子電路將它們轉變成看得見或聽得見的東西。對於 X 光與伽瑪射線，則需要「蓋格計數器」（Geiger counters，偵測輻射線用的儀器）與核子物理學家使用的其他各種行頭。

　　紅外輻射（infra-red，原意是能量「低於紅」）剛好位在人眼偵測得到的能量範圍外，所以我們不宜稱它為「光」。我們必須藉著紅外線對事物的影響才能偵查到它。它主要的效應是使物體溫度升高。

　　不同能量的輻射撞到物質或撞到任何物質表面的時候有不同的效應。一般而言，有三種可能性：輻射可能會反射、可能被吸收或可能穿透物質。

　　可見光會被大部分物質反射；X 光通常可以穿透；紅外線由於剛好具有適當大小的能量，因此能被許多不同物質的分子吸收。當一個分子吸收能量之後，它當然變得更富有能量，因此會變得比以前更加扭動、旋轉、擺動它的原子，而且大翻筋斗。事實上，更富有能量的分子就是比較熱的分子（頁 311）。

　　當紅外線照在某物體上的時候，它會先使那個物體升溫。在抵達某種物質且被吸收前，紅外輻射本身不算是「熱」。這也是我稱它為「傳遞中的熱」的原因。

　　你最可能看見紅外線的兩種常見用途是：加熱燈與紅外線攝影。

　　餐廳使用加熱燈的原因，是想在廚房完成食物後，在等待端盤子少爺似乎放長假回來前保持食物溫暖。加熱燈是設計成在波譜的紅外範圍放出大部分的「光」，只不過有一些溢漏到可見的紅光部分。

　　紅外線攝影（可在黑暗中攝影，意思是不需要可見光）的基礎是當溫暖物體散失熱量時，其中一些是以紅外輻射的形式放出（頁32）。這種輻射可以被特殊感光軟片或者螢光屏幕偵測到，就能夠看見溫暖的物體。

　　人類本身是溫暖、放出紅外線的物體，因而時常成為偷窺器材藉著這個原理「暗中視物」的目標。

問題
2

超人的 X 光眼睛為什麼看不透鉛？

超人的 X 光眼睛為什麼看不透鉛？

　　如果他努力去試，他就能看透。那只是他的創造人 ── 傑瑞・席格（Jerry Siegel）與喬・舒斯特（Joe Shuster）[1] 告訴他，他除了鉛之外都看得透。就像任何一位好漫畫角色，超人忠實地服從他的創造人。

　　席格與舒斯特的想法似乎認為 X 光不能穿透鉛。否則（照理說），為什麼 X 光技師為你拍 X 光照片時要躲在襯了鉛的牆壁後面？牙醫師拍攝牙齒 X 光照片時為什麼要給你蓋上鉛圍兜？

　　鉛確實在整個核研究與核技術界被用做輻射遮蔽材料。但真相是鉛毫無特殊之處，它只是比其他材料能更省錢地達成任務。

　　X 光只是以光速越過空間的純粹能量電磁輻射中的一種。在醫師診療室外更為人熟知的其他種電磁輻射包括：光、烹飪食物的微波，還有攜帶所有節目到我們收音機與電視機的無線電波。

　　這些能量波飛行時全都會上下左右振盪。事實上，它們的能量就是由這些振盪構成。當振盪頻率愈高──

註 [1]　此二人是創作《超人》漫畫的作者。

每秒鐘振盪次數愈多——意味著輻射的能量愈高。

電磁輻射依照能量由低至高的排序是：調幅廣播、短波、電視與調頻廣播、雷達、微波、光（人眼可見與不可見都有）、X 光與放射性物質放出的伽瑪射線。

因為 X 光具有的能量很高，你或許預期（就算你不知道）它是穿透力很強的輻射。它們像槍彈穿過果凍一般輕易地穿過肉體。骨骼則僅僅抵擋了部分 X 光而在感光底片上形成可供醫師診斷的陰影。但不幸的是，X 光與伽瑪射線都是游離輻射，也就是說當它們穿透過肌肉、骨骼或者任何東西的原子時，它們會敲掉一些電子而形成陽離子（缺少幾個電子的原子）。

在不涉及細節的情況下打個比方，我們可以形容不具備一套完整電子的原子，就像在生命的化學遊戲裡胡亂發射的大砲。它們會以奇異而且有害健康的方式擾亂我們身體的化學作用。這也是為什麼我們要遮蔽自己，使自己免於 X 光以及例如來自放射性物質的其他游離輻射的照射。

我們應該用什麼來阻擋 X 光？任何具有許多原子與許多電子可供撞擊的東西都可以，因為 X 光每撞掉一個原子裡的電子，它就損失一些能量。所以我們用愈多具有許多電子的原子攔在路上，X 光會因愈快喪失所有的能量而停下來。但是老天！這些物質都太貴了，何況誰想要躲在一道放射性鈾的牆壁後面以逃避 X 光？

所以唯一的重點是計算每一塊錢能夠買到每立方英寸裡面多少個電子。鉛比任何其他材料更符合這個要

求。每個鉛原子有 82 個電子、密度是水的 11.35 倍，而且一美元大約可以買 10 磅鉛（如果你想知道，每立方英寸的鉛有 4×10^{25} 個電子，那就是 4 的後面加 25 個 0）。

但是不論一塊鉛板或者其他東西有多厚，總是會有一些 X 光穿透它。只不過鉛板愈厚，穿透的 X 光愈少。理論上，任何厚度的材料都不能完全擋住一束 X 光。我們只能把它降到相對上無害的標準。

你當然可以使用比鉛更便宜，但是效果較差的 X 光遮蔽物——只要更厚就可以。例如，儘管相同厚度的混凝土吸收 X 光能力遠不如鉛，但是一堵厚厚的混凝土牆可以做到與較薄的鉛板相同的功效。如果你有許多空間可用，你甚至可以使用最便宜的材料——水。每個水分子只有 10 個電子，但是如果在你與 X 光來源之間有夠多的水，你仍然很安全。

席格與舒斯特或許知道這一切，但是承認這回事就破壞了一個很棒的漫畫點子。這樣一來，漫畫女主角才能夠安心地相信襯了鉛的上衣不會被超人看穿。

但溫文有禮的克拉克（超人的名字）學聰明之後，這招就不靈了。

為什麼拿黃瓜片敷臉會涼涼的？

為什麼黃瓜會「像黃瓜一樣涼」[2]？我在一本烹飪書與一本雜誌上都讀到：黃瓜永遠比它們周圍的環境涼 20 度。這是怎麼造成的？

20 度，嗯？那我們倒要瞧瞧（假設我們談的是「華氏黃瓜」而不是「攝氏黃瓜」）。

如果黃瓜永遠比它們周圍的環境涼 20 度，那麼，讓我們把一條黃瓜放進裝了許多黃瓜的桶子裡，然後看看會發生什麼事。它們會不會大戰一場？因為每一個都企圖比自己身旁的黃瓜涼 20 度。你有沒有看過一桶黃瓜突然沒有明顯的原因就自己凍結成硬塊？

或者，這個點子怎麼樣：如果黃瓜永遠比它們周圍的環境涼 20 度，讓我們用黃瓜造一個大箱子，而且把我們所有的葡萄酒都好好貯藏在裡面。箱裡面的溫度或許是華氏 55 度。喔，才這樣而已？那讓我們再造一個比較小的黃瓜箱子而且放在第一個箱子裡。這樣或許會讓溫度再低個 20 度。於是我們可以在美好的華氏 35 度（約等於攝氏 1.6 度）下存放啤酒。謝謝你，我們不需要冰塊，因為再加一個箱子，我們就能降到比冰點低更多的溫度，而且還可自製冰塊。只要有夠多的「箱子裡的箱子」，就可以造出一個連地獄都能凍結的冰箱[3]，

而且還不必插上電源。

　　不過，前述說法已經違反物理界最基本的定律——熱力學第一定律，更普遍的名稱是「能量守恆定律」。因為我們有一種必須不停向周圍環境發散熱能的物質——黃瓜肉。這是一個物體保持低溫的唯一方法，亦即不斷拋掉任何從鄰近物體自然流進來的熱能。因為熱是能量，黃瓜肉就等於是取之不竭的能源，而且是免費的。不需要燒煤或石油，也不需要忍受核能問題。我們可以用黃瓜能發電、推動無汙染汽車、灌溉沙漠以種植更多黃瓜！我們可以……

　　我們唯一做不到的是使某些人不繼續在書裡面說些傻事。還有，那個完全捏造的 20 度當然是不可能的。自動冷卻的黃瓜（或者自動冷卻的任何其他東西）根本不存在。除非我們從其他地方供應或移走能量，否則甚至沒有東西能夠永久保持與環境稍稍不同（較冷或者較熱）的溫度。這也是為什麼廚房的電器必須插電；因為我們必須使用發電廠送來的電將熱能抽到冰箱外面，還有將熱能送進烤箱裡。

　　你說當你拿起還沒放進冰箱的黃瓜並把它抵在額頭時，它真的令你感覺沁涼。當然會這樣。那是因為黃瓜比你華氏 98 度（約攝氏 36.7 度）的皮膚涼，而不是因為它比華氏 70 度的房間涼。

註 [2]　cool as a cucumber，這句英文成語的原意是「冷靜」。
註 [3]　西方人相信地獄奇熱無比。

趣味小實驗

把沒有冷藏過的黃瓜與馬鈴薯放在同一處幾小時。
接著把它們切開,用切斷面抵住
額頭。它們讓你覺得一樣涼。
再各插上一只烤肉溫度計,
就可以證明它們溫度相同。

除了空氣流動與窗口射入陽光之類的變化外,房間裡每一件物體溫度都相同。除非你把屋裡暖氣的控溫器定在華氏 98.6 度(人體的正常溫度),否則物體與你的皮膚相比都是比較涼的。

當任何兩個物體接觸時,熱自然會從較高溫的物體流到較低溫的物體。所以當黃瓜(或者任何其他室溫物體)吸走額頭上的熱量時,你就會因失熱而感覺涼爽。

從科學角度來說,當然沒有「冷」這回事,只有不同程度的「熱」。「涼」與「冷」這些字只是語言上的方便。「像黃瓜一樣涼」同樣只是方便的說法。它比你說「像大頭菜一樣涼」要有趣多了。

Tips　黃瓜不會比馬鈴薯更涼。

愛因斯坦究竟想說什麼？

我知道愛因斯坦 $E = mc^2$ 的方程式重要極了，而且它和原子彈有關係。但是它對於我們這些普通人又有什麼意義？

　　坦白說，意義不大。但這不是說愛因斯坦的方程式不是人類心智歷來最靈光一閃、驚天動地的發現之一。雖然它和我們眼皮子下面每天發生的事有關，但也因為它們太微小而不容易引人注意。除非是用你提過的原子彈來引起我們注意，而且這保證是有史以來想要引人注意的最有效玩意兒。

　　這個舉世最有名的方程式由愛因斯坦在 1905 年第一次寫下，屬於相對論裡面的一小部分。除了其他許多的發現，愛因斯坦也發現質量與能量之間的密切關係（能量是使事情發生的能力，質量大致上就是一個物體的重量）。

　　我們直覺上喜歡相信能量是能量，物體是物體，就這麼簡單。但是愛因斯坦發現能量與質量在廣義上其實是同一種玩意，是兩個可以互換的東西。因為沒有更好的名稱，我們就稱這個玩意兒為「質能」。愛因斯坦驚人簡單的小方程式可以用來決定多少能量相當於多少質量，而且可以反方向計算（給沒鑽研過數學的人看——

如果 m 代表某一數量的質量，而 E 代表相對應數量的能量，這個方程式說的就是，只要把 m 乘上用 c^2 代表的某一個數字，就可以確定能量是多少。c^2 的數字會大到難以計算——它是光速的平方——所以你可以從很少的質量得到巨大數量的能量）。

愛因斯坦的方程式與日常生活關係不大（除了某一個稍後會提到的例子）。原因是日常產生能量的活動，例如：食物的新陳代謝與燃燒煤、汽油等，都是純粹的化學過程，而且在一切化學過程中轉換成能量的質量小到微不足道。

有多麼微不足道？即使我們引爆 1 磅的黃色炸藥（你應該會同意這是釋出可觀能量的化學過程），那些能量全都來自五億分之一公克（二十兆分之一英兩）的質量轉換。如果我們能夠秤出爆炸前炸藥的重量，然後聚集爆炸後所有的煙與氣體並秤出重量，我們會發現它們少了五億分之一公克的重量。

那遠遠不是我們會注意到的事。我們以世界上最精密的秤也量不出這麼微小的重量差別。所以雖然愛因斯坦的方程式毫無例外適用於涉及能量的一切過程（不要讓任何人告訴你它不適用），但是它對於我們的日常生活毫無影響。

這適用於一切化學過程。另一方面，太陽裡進行的核融合反應與原子彈裡的核分裂反應過程大不相同。世界上一切質量幾乎都存在於密集到無法置信的原子核裡，以相同數目的原子而言，核反應能夠比化學反應釋

放出更為巨大的能量——大出幾十億倍（頁 302）。

　　使原子彈成為世界上名列前茅的能量釋出者是一種叫做連鎖反應的東西。在這個過程中，每一個原子的反應造成兩個更多的反應，兩個之中的每一個又造成兩個反應，然後四個之中的每一個又造成兩個，然後八個之中的每一個又造成兩個，一直持續到我們有大得嚇人的原子數目在進行全都是由一個單原子「啟動器」反應所引起的反應。當你擁有大得嚇人的原子數目並在短得無法想像的時間內進行反應，而每個原子又釋放出十億個普通化學反應的能量，你就會有一場驚天動地的爆炸。

　　連鎖反應並不完全是壞事。如果我們控制核分裂反應自行倍增分裂的速率，我們就會得到核反應爐。核反應爐裡的能量釋放慢到足以產生熱量，接著使水沸騰產生蒸氣並推動渦輪，然後驅動發電機產生電力，最後點亮你現在用來閱讀本書的燈。

　　那就是它對我們普通人的意義。

　　只有受過良好教育的人才會被這個騙倒；你甚至可以騙倒化學老師。化學家太習慣忽略與化學反應有關的微小質量變化，以至於他們相信沒有質量變化，最後在學校裡教育我們化學反應沒有質量變化。提醒你的對手，愛因斯坦從來沒說 $E = mc^2$ 適用的場合「不包含化學課」。這可以讓你贏得爭論。

Tips　打個賭，質量在普通化學反應中會轉換成能量。

胖原子如何減肥？

> 我理解煤與石油必定含有能量，因為當我們燒掉它們的時候，會有能量以熱的形式跑出來。但是我們如何取出鈾的能量？它會燒掉嗎？

如果你說的「燒掉」意思是指燃燒（與空氣中的氧進行化學反應），答案是不會；但如果你的意思是鈾原子會不會消耗掉，答案是會。

你說對了，煤、石油與鈾都含有能量。事實上，每一種物質都含有某一數量的能量。能量存在於獨特的原子排列與聚集的方式。如果原子聚集得很緊密，相對上它們就處於比較滿足的狀態並擁有較低的能量；如果它們只是鬆散地聚集，它們就擁有較大的變化潛力，亦即含有較多的位能。

例如硝化甘油裡的原子就聚集得很鬆散。硝化甘油是非常不穩定的物質，只要輕輕撞一下就會迅速（而且是非常迅速）重新排列它的原子，為的是進入更安定、能量較低的狀態——許多種類的氣體。在隨之而來的爆炸中釋出的能量，就是最初的硝化甘油與它重新排列原子而得到的氣體之間的能量差。

一般而言，如果我們能夠找出方法，重新安排某種物質的原子進入能量較低的組合，則那些「失去的」能量必須以某種形式跑出來——通常是熱的形式。當我們

在空氣中燒煤或石油，我們給它們的原子（還有某些氧原子）一個機會重新安排自己進入能量較低的組合（二氧化碳與水），然後我們能夠以熱的形式獲得釋出的能量。我們不能夠從水或石頭獲得能量的唯一原因是：我們找不出比它們的原子更低能量的排列方式以幫助它們轉換過去，至少無法讓消耗掉的能量比所獲得的還多。

　　為了要自我轉換成能量更低的原子組合，石油、天然氣與汽油──全都是常用的燃料──必須獲得反應所需的氧。不過，鈾原子不需要這種幫助，它們能夠單純地靠著分裂將自己單一的大原子變成兩個較小的原子，以達成能量較低的狀態。這兩個較小的原子與最初的鈾原子相比，是由次原子粒子構成一種更緊密、更安定、能量更低的安排。而伴隨而來的能量降低就是核分裂能。事實上，只有鈾原子的核子進行分裂，原子的其他部分（電子）只是搭便車而已。

　　並不是一切原子都能分裂原子核而釋出能量，只有最重的原子容易以這種方式分裂。它們重到了有一些不穩定的狀態，而且只要稍微一點刺激，它們就會晃到使自己完全裂開（分裂）。核反應器實質上就是很有效的刺激者。它刺激或搖晃鈾原子的方式就對它們拋擲中子這種沉重、不帶電的核子。鈾原子只需要這樣就能實際分裂成更安定的安排，而且在過程中釋出能量。

為什麼鈾原子急於分裂成兩塊？

所有的原子核都是由叫做「核子」的粒子構成。像鈾這麼大的原子是由兩百多個粒子聚在一起而形成，它們全都擠在小到難以想像的空間裡。因為要聚集的物體數目太大，所以原子核對每一個物體的平均掌握力不夠強。這就像是企圖不用籃子而在你的兩臂間抱住一籃子高爾夫球一樣。如果原子核能夠分裂成兩批更容易處理的東西（能夠掌握得更緊而且更安全的兩批高爾夫球），原子核就能改善這個危急的狀況而且更能掌握自己。比較小的這兩批東西更易於控制，所以比較不會分裂。它們不守秩序、活蹦亂跳的行為潛力也因此變得比較少（也就是化學家常說的位能比較少）。

但正如愛因斯坦告訴我們的：能量就是質量，而且質量就是能量。如果這兩個比較小的原子核具有的能量少於大原

知識補給站

子核，它們應該擁有較少的質量來反映這回事。雖然兩個「半籃子」原子核在一起含有相同數目的「高爾夫球」，但它們確實比單獨的「一籃子」原子核輕。如果你把鈾原子核分裂而成的兩個原子核的質量（重量）加在一起，你會發現它們大約比最初的鈾原子核質量少了千分之一。千分之一「消失的」質量會以龐大能量形式出現，因為依照 $E=mc^2$（頁 299），微少的質量就相當於龐大的能量。

或許有一點難以令人相信！但是如果這些觀念不對，那就沒有核能這種東西（也沒有科學家每天在實驗室裡看見的成千上萬的核子事件）。只要我們接受愛因斯坦能量與質量可以互換的說法，我們就已經接受所有這些事都是完全自然的後果，而且它們一點也不應該使我們驚奇。

好吧，或許是很少很少的一點驚奇。

為什麼磁石吸鐵卻不吸鋁或銅？

什麼使磁石吸鐵，又是為什麼磁石不吸鋁或銅？

　　磁石只受到其他磁石吸引。一塊鐵裡面有幾十億個微小磁石，但是鋁與銅裡面沒有。

　　磁石的一極會吸引的只是另一個磁石相反的一極。情況與電荷完全相同——正電荷唯一會吸引的東西是負電荷，反之亦然。至於磁石，我們稱呼相反的兩極是「北」與「南」，而不是「正」與「負」。電荷與不帶電物體間沒有直接作用力；磁石的情況也一樣，沒有另一個磁石，就沒有吸引力（電與磁之間有一些交互效應：你可以藉著移動電荷而得到磁力，並藉著移動磁石而得到電力。我們這裡只考慮固定的磁石）。

　　鐵原子成為微小磁石的原因是它們帶負電的電子（每個原子有二十六個電子）在環繞原子核的時候會像陀螺般自轉，就像地球環繞太陽時自轉一般。這個自轉產生電磁「交互」的情況之一，是使它們的電荷行為像磁石一樣。但是鐵的電子大部分被安排成兩兩配對，當自旋的電子配對時，它們就像兩根磁棒一樣地互相抵消磁力——北極對南極以及南極對北極。

　　但是，鐵原子有四個電子找不到配對的搭檔；因為它們沒有配對，所以被賦予原子未抵消的淨磁力效應。

鐵原子因此具有磁性而且會被磁石吸引。

　　這非常好，但鐵絕不是孤獨的。有幾十種元素（甚至包括鋁與銅）因在原子裡具有未配對的電子而產生磁性。就連氧原子也因擁有未配對的電子而受到磁石吸引。你當然無法看見此事在空氣中發生，但是當你在實驗室中把液態氧傾倒到強力磁石上時，你就會看見它被吸住。

　　不過，這種來自未配對電子的磁性（行話：順磁性）很弱，它大約只有你想像中的那種磁力——鐵被磁石吸引——的百萬分之一。但是如果你仔細觀察，仍然能在家裡看見它。

　　鐵具有強大得多的磁性（行話：鐵磁性）。與其他元素不同之處在於：一塊鐵裡面的原子磁石不見得總是

趣味小實驗

把木匠用的氣泡水平儀放在桌子上，然後拿一塊強磁石靠近氣泡的一端。利用玻璃管上的刻度做參考點並仔細觀察。如果磁石夠強的話，你會看見氣泡稍微向磁石移動。但是，那不是因為氣泡裡的氧氣被磁石吸引。你需要極強的磁石才看得到這種事。氣泡移動是由於水平儀裡的液體因為某種順磁性而被排斥離開磁石。當液體移向一邊時，氣泡就移向相反另一邊。

像磁石倉庫裡的一堆指南針一樣，而是混亂指向任意方向。如果我們用一塊磁石重複地以同方向磨過一塊鐵，我們就能夠拖拉鐵原子進入整齊的排列——把它們的北極全都指向相同方向，南極指著相反方向。

因為鐵原子精確的大小與形狀，它們會停留在整齊的排列狀態而不會跳回原狀。這會產生很強的額外磁性效應，比個別原子的磁力強上好幾百萬倍。結果那塊鐵被磁化了——它變成一塊磁鐵且會吸引其他的鐵塊。

只有三種元素的原子大小與形狀恰好讓它們能夠排列整齊並保持那樣——鐵、鈷與鎳。這也是為什麼這三種元素是僅有的鐵磁性元素。不過，鐵是最強的。

知識補給站

磁鐵可以治療各種疼痛嗎？

成年人體內含有 4、5 公克的鐵，存在於血紅素與肌紅素裡面（其實比較接近 3 公克）。鐵是人類生命中很重要的東西，而且磁力對鐵的影響極為強大與「揮」煌……。因此磁力對某些症狀有超凡的治療力，例如：牙痛、肩膀與其他關節僵硬、疼痛與發腫、頸部「擠」椎炎、濕疹、氣喘以及凍瘡、意外受傷與傷害（摘錄自〈磁力治療〉，這是在超市散發，以磁鐵從事「治療」的一家診所的「健康」促銷傳單）。

天上掉下來的小石子
會不會打傷人？

如果我從世界超高的建築丟下來一顆玩具氣槍彈
丸，而且它打中某人的頭，彈丸會殺死他嗎？

　　不會。芝加哥 1454 英尺高的席爾斯大樓附近的行
人們不必害怕，他們不論有沒有戴帽子，都很難因為你
的純科學實驗而造成危險（我們不討論裝水的氣球）。

　　你心裡想的無疑是「重力加速度」──落體隨著時
間過去而愈墜愈快的事實。那確實是下墜的物理運作方
式。當物體下墜時，它不停地受到引力拉扯，任何一瞬
間，不論速度多少，引力會促使它增加到更高的速度，
於是它不斷地愈墜愈快。它受到加速度的情況就像你在
推購物推車，只要保持推力，車子就不斷地愈走愈快。
在汽車的情況中，我們稱這種加速度是「拾起速度」。

　　因此，我們不禁納悶，如果我們給氣槍彈丸足夠時
間下墜，它會不會最後達到像是真正槍彈的運動速度？
或者為什麼不會達到光速？按自由落體公式實際計算後
得出，物體（任何物體）在下墜 1454 英尺之後，應該
以時速 208 英里運動。底下的人真的應該提防危險。

　　但是等一等！那是假設瘋狂的投彈手與他的目標間
沒有任何東西。但實際上卻有東西，那就是空氣。落體
下墜時，必須推開空氣的狀況必然對落體造成減速效

應。因此我們現在有兩個相對的力量——向下拉的引力容易使物體加速；而空氣阻力則容易使物體減速。

就像大自然一切相對的力量，這兩個聰明的力量也找出數學般精確的妥協。不論落下的距離有多長，空氣阻力造成的減速會抵消同樣大小、來自引力的加速，於是限制了物體所能夠達到的最終速度。物體只會在某一點之前愈落愈快，在那之後它只會等速下墜。

各種你可能會想要從建築上拋下的物體當然會遭到不同的空氣阻力，例如：完全拔掉羽毛的雞遭到的阻力少於羽毛俱全的雞。因此，經過空氣下墜的不同物體具有不同的終端速度。如果沒有空氣，不論重量是多少，在下墜同樣時間之後的一切物體，速度都是一樣的。

對於玩具氣槍彈丸，它的空氣阻力使它落到街上的終端速度變成即使是掉到禿子的頭上也毫無傷害。而且它只要下墜幾層樓就會達到終端速度，所以完全沒有必要遠征到芝加哥去做科學實驗。

當然必須記住，一枚彈丸的破壞力不只是由速度決定，也是由「動量」決定。動量是速度與質量的乘積。或許一顆下墜的保齡球速度不如槍彈，但是因為它的質量頗大，所以它對於行人的效應可能非常嚴重。

或許你已經猜到那個答案了。

問題
8

原子和分子會永遠動個不停嗎？

他們在化學課告訴我，一切原子與分子都永遠動個不停；然後他們在物理課又告訴我，沒有永恆運動這回事，而且沒有東西能夠不被時常踢一腳而永遠運動下去（牛頓或許不是這樣說的）。那麼是誰在踢這些原子和分子？

　　假如熱門樂隊的隊員每次只有一個人上臺獨奏，你當然會認為原本該有的精采效果全都沒了，難道不是嗎？但是學校的科學課程正是這樣設計的：化學老師與物理老師在不同的舞臺上表演獨奏，卻從沒有開過一門課叫做「把它們串在一起」。

　　你記得的兩件事當然都是對的。不過，缺少的環節是，現在的確沒有人在推那些原子與分子，但是它們在幾十億年前曾經被狠狠地踢了一腳。

　　原子與分子的運動與其他任何物體的運動一樣，都是一種叫做「動能」的能量形式。在原子與分子的例子中，動能表現的樣子是永不停止、四處亂竄與互相碰撞；唯一的局限是化學鍵，化學家就是用化學鍵談論粒子之間各種吸引力或黏著力。而我們把原子或分子的群體運動叫做熱。

　　這些粒子全都不停運動的事實，並不意味著任何肉

眼可見的一塊物質——例如，一顆鹽——會像墨西哥跳豆一樣地四處亂蹦。一顆鹽裡的三百億億個原子（這數字沒錯，我真的計算過）會朝各個可能的方向振盪，所以相互抵消了。一顆鹽不會突然跳離你的餐桌；一個蜂窩也不會因為裡面的蜜蜂瘋狂地四處亂竄而飛快跑過鄉間（其實牠們在蜂窩裡挺安靜的，除非你打擾牠們）。

於是問題該這麼問：世上所有的粒子是從哪裡得到動能？是不是起初被很強大的一腳踢過？是的，確實有，宇宙中一切物質都在誕生的「大霹靂」（big bang）一瞬間獲得它自己全部的能量。依照最多人公認的理論，大霹靂大約在一百億或者二百億年前創造了宇宙（宇宙學家還在爭辯確切的日期）。這麼多年之後，宇宙裡每一個粒子仍然在發抖。

但是，不同物質的粒子運動速率不完全相同。當我們把熱能加進爐上的一鍋湯裡，湯的粒子平均而言會動得更快；當我們從一瓶啤酒移走熱能或把它放進冰箱，啤酒的粒子平均而言會動得更慢。

你當然知道在爐子上升與在冰箱裡下降的東西就是溫度——物質裡面粒子的平均動能，不論那物質是湯、啤酒、人或恆星。

很明顯地我們不能拿著馬表爬進一鍋湯裡，想盡辦法測量無數個粒子中的每一個，而且算出平均速率以求出溫度。所以我們必須發明叫做溫度計的小儀器（它是由一位叫做加布里爾‧華倫海特〔Gabriel Fahrenheit〕的人發明的）。溫度計裡有一種閃亮、高可見度的液

體──水銀──它在溫度升高時會在玻璃管裡上升，在溫度下降時則在管裡收縮下降。水銀是因為一連串的碰撞而膨脹。當我們想測量某物體的溫度時，該物體的粒子會與溫度計的玻璃管壁發生碰撞。這使得管壁的玻璃粒子與管壁內的水銀粒子也發生碰撞。被撞的水銀粒子於是動得比從前更快，運動更快需要更多的空間，於是水銀在管子裡膨脹上升。

　　因此，宇宙裡一切的原子與分子依照它們的溫度而定，仍然在不同的速率顫抖出它們原始、來自宇宙的能量。能量就是一切，它是宇宙裡獨一無二的貨幣。它可以從一個形式轉換成另一個形式，就像金錢可以在不同國家的貨幣間轉換。它會被一個物體喪失而被另一個物體獲得，就像金錢可以在財務交易中轉移。它甚至可以轉換成質量，就像金錢可以換取物品（頁 299）。它唯一不能做的事就是被創造（造幣廠在大霹靂之後就關門了）或者被毀滅。我們在大霹靂中獲取某個數量的能量，在那之後就以熱能的形式以及所有其他可以轉換的形式靠著這筆預算過活。

　　假如你認為太陽正在持續創造新能量，而且以光和熱的形式照射下來給我們，請再仔細想想。太陽與恆星只是把它們已經以質量形式擁有的能量的一部分轉換成光與熱的形式。沒有產生新的東西。

　　但難道百億年前充電的宇宙電池不會耗盡嗎？

　　有一切的理由相信它會耗盡。宇宙裡一切的能量都在逐漸但永不止息地轉換成另一種東西：「熵」（entropy），或者說是無秩序（徹底的混亂。頁 330）。但是不要太擔心，在那件事發生之前很久——事實上距離今天大約只有六十億年——太陽已經熄滅了。

Tips 有永恆運動這種東西，只要宇宙存在它就會持續下去。

為什麼度量衡要改用公制？

汽水和酒類突然間以公升標示容量，不再使用四分之一或者五分之一加侖。這是即將來到的公制革命的先聲嗎？我們真的有必要轉換到全新的度量衡系統嗎？我們目前的系統有什麼不對勁[4]？

　　在全世界的國家中，只有四個強權（汶萊、緬甸、葉門與美利堅合眾國）還沒有採用公制度量衡系統。其他國家是不是有可能發現了這四個國家還沒發現的事？

　　讓我們看看我們怪裡怪氣的英制度量衡系統（甚至連英國人都不用它了）可以如何改進。以下是咖啡蛋糕食譜裡的材料清單：

$1\frac{1}{3}$ 杯酸乳

$1\frac{1}{4}$ 茶匙蘇打

$1\frac{3}{4}$ 茶匙發粉

$1\frac{3}{4}$ 杯低筋麵粉

2 個雞蛋

$1\frac{1}{2}$ 杯糖

$\frac{1}{2}$ 杯奶油

註 [4] 這是指美國的情況。

　　現在假設你要做半個蛋糕，所以得把材料減半。

　　讓咱們瞧瞧，$1\frac{1}{3}$ 的一半是，呃……那麼，$1\frac{1}{4}$ 的一半是……嗯…… $1\frac{3}{4}$ 的一半是……既然 1 杯有 8 英兩（還是16），所以 $1\frac{3}{4}$ 杯麵粉的一半是 $1\frac{3}{4}$ 乘以 8 再除以 2，或者……我為什麼不乾脆只計算兩個蛋的一半（只要心算就行），其他的材料就用猜的？

　　祝你好運。

　　現在讓我們想像一切都是使用公制的美麗新世界，咖啡蛋糕的食譜就像這樣：

整個蛋糕	半個蛋糕
320 公克酸乳	160 公克酸乳
6 公克小蘇打	3 公克小蘇打
9 公克發粉	4.5 公克發粉
230 公克低筋麵粉	115 公克低筋麵粉
2 個雞蛋	1 個雞蛋
300 公克糖	150 公克糖
110 公克奶油	55 公克奶油

　　簡單極了，不是嗎？

　　現在你只需要知道 1 公克究竟是啥玩意，對吧？其實不見得。如果你在美麗新世界裡擁有用公克稱重量的工具，你還會在乎 1 公克是多少嗎？只要量出 160 個單位、3 個單位、4.5 個單位等等，管它是什麼。你真的

知道什麼是 1 英兩嗎？你知道的只是某個不認識的人，基於未知的原因，在很久以前決定的代表某一個分量的東西。

不僅如此，我們隨時必須與三種英兩糾纏：液衡英兩（fluid）、常衡英兩（avoirdupois）與金衡英兩（troy），而且它們全都不同。它們甚至不衡量同樣的東西；其中兩種衡量重量，一種衡量體積。

公克是重量單位。在秤上面量出物體重量的精確度與可重複性遠高於裝滿量杯、茶匙與湯匙，尤其是在處理奶油這樣黏乎乎的東西時更是如此。買一台廚房用的秤又不是大事，認真的大廚師已經用秤決定材料重量。

現在走出廚房，走進工作間，你有一塊 7 英尺 9 $\frac{5}{8}$ 英寸的木板，而且你必須把它分成長度相同的三塊。再一次祝你計算時有好運（你在遠比一小時少的時間裡能夠得到的答案是 2 英尺 7 $\frac{7}{32}$ 英寸，大致是這樣）。而你在美麗新世界裡可以用米達尺量出木板的長度是 238 公分，分成三塊則是 79.3 公分。問題結束。

注意，你不用理會 1 英寸等於 2.54 公分，就像你秤蛋糕材料重量時，不需要知道每英兩等於 28.35 公克。只要把公分想成米達尺上兩個相鄰數字之間的距離，而且把公克想成秤上面的小刻度之一即可。

許多人只要想到學習公制就情緒低落，因為公克與公分等等單位很難用熟悉的英兩與英寸去想像。換句話說，造成麻煩的是舊系統到新系統的轉換，而且這真的很麻煩。誰想要一直跟 2.54 與 28.35 這些數字窮攪和？

要把美國每一件事物（從食譜到地圖，更別提我們所有的工業生產設施）轉換到公制，無疑是件極為麻煩的事。這點毋庸置疑。

但那不是抗拒公制的正確理由。我們現在難道不是每天在做英制裡面可笑且困難的轉換嗎？1 英尺等於 12 英寸、1 碼等於 3 英尺、1 英里等於 1760 英尺、1 磅等於 16 個常衡英兩、1 品脫等於 16 個液衡英兩、1 夸特等於 2 品脫、4 夸特等於 1 加侖等等。更別提與配克、浦式耳、嘖、節，還有成百的其他瘋狂單位一直糾纏不清。

在公制裡面，每一類衡量只有一個單位。你需要的轉換數字只是 10、100、1000；而不是 3、4、12、16 或 5280。1 公尺等於 100 公分（公分的英文 centimeter 意思是 $\frac{1}{100}$ 公尺）、1 公里等於 1000 公尺（公里的英文 kilometer 意思是 1000 公尺，也有人把這個字譯作「千米」）、1 公斤等於 1000 公克（公斤的英文 kilogram 意思是 1000 公克，也有人把這個字譯作「千克」）。使用公制極單純，全世界 94% 人口的小學生與家庭主婦使用它毫無困難就是證明。

一旦我們礙手礙腳的過渡期過了，一切就會很美妙。但是我們等得愈久，過渡就會愈困難。

美國患了很嚴重的牙痛而且正在拖延不去看牙醫。

知識補給站

有沒有容易的方法把攝氏轉換成華氏溫度？

有的，有一種簡單得多的辦法，學校裡沒有教，真是太可惜了。那些有許多括弧與 32 的複雜公式一旦進了教科書，似乎就獲得自己的生命而盤據不去。以下比較是簡單的方法：「只要把攝氏溫度加 40，然後乘以 1.8，再減掉 40，就可以得到華氏溫度。」

就只有這樣而已。

例如，要將攝氏 100 度換成華氏：我們加 40 得到 140，乘以 1.8 得到 252，然後減掉 40 得到 212。你可知道這就是水的沸點──攝氏 100 度或華氏 212 度。

這個方法的好處是它兩個方向都行得通，也就是說：「只要把華氏溫度加 40，然後除以 1.8，再減掉 40 就得到攝氏溫度。」

例如，要把華氏 32 度轉換成攝氏：我們加上 40 得到 72，除以 1.8 得到 40，然後減掉 40 得到（你得到結果了！）0 度。這就是水的冰點──華氏 32 度或攝氏 0 度。你必須記住的只是要乘或者要除 1.8（提示：華氏溫度的數字永遠比攝氏大）。當你向華氏轉換時，你應該乘。

知識補給站

本書介紹的溫度轉換方式為何正確？

原因在於華倫海特先生與安德斯・攝爾修斯（Anders Celsius）先生設定他們溫度標記的方法有一個巧合——兩種溫標的零下 40 度恰恰代表相同的溫度。所以加上 40 就像是使它們立足點相等。然後我們必須做的只是修正兩種「度」的大小不同（一個華氏度恰好是一個攝氏度的 1.8 倍），最後我們再消除我們人為加上的 40。

我們現在不需要更詳細地證明這個方法為什麼是正確的。不過這個方法永遠有效而且完全正確。

為什麼不同的東西輕重會不同？

為什麼氦氣比空氣輕？說到重量這回事，為什麼不同的東西輕重不同？

　　每一種東西都由粒子構成——原子與分子。雖然某些粒子比其他粒子更重是主要原因，但那不純然是全部的原因。輕重差別也因為某些粒子比其他粒子聚集得更緊密。

　　鉛的密度超過水（也就是說，鉛比同體積的水重），大部分是因為鉛原子重量是水分子的十一倍以上。但即使鉛粒子與水粒子一樣重，仍然可能因為聚集方式不同而形成差別。我們就以水分子為例，雖然都是由相同的粒子組成，但是液態水的密度超過固態水（冰），因為液態裡的分子聚集得比固態裡的更緊密。所以如果有人宣稱某一種物質密度比另一種物質高的原因是它的粒子比較重，他們未必說出了全部的原因。

　　因為氣體根本不是聚集在一起，所以它們完全不同於液體與固體，氣體分子之間完全不相關地在空間中自由飛翔。在相同的氣壓下，不論是氦原子或空氣分子，氣體的粒子都會分散成相同的程度（也就是說它們之間的平均距離全都相同）。

　　因此聚集方式與哪一種氣體密度較高無關。氦氣在

相同壓力時的密度約是空氣的七分之一，原因單純只是氦氣的粒子重量只有空氣粒子平均重量的七分之一。

正好與你想到的答案相同，對嗎？但是你可能是基於錯誤的理由而得到正確的答案。

這是誰的 DNA ？

那些專家在法庭裡不斷揮舞當做這個或者那個
「DNA 證據」的小黑點，究竟是什麼？那些就是
DNA 本身嗎？

　　不。那些排列如階梯式的模糊短黑線只是一種方
法，使陪審員與其他熱心的生物化學專家看見某些小到
即使用顯微鏡也看不見的東西。它們是從來沒有在法庭
裡解釋清楚的許多化驗室操作的最後結果。但是在我們
描述它們之前，請真正的 DNA 起立好嗎？

　　DNA 是地球上最複雜且令人敬畏的物質，但是如
果我們避免那些大堆頭的用語而且跨到「超過你所需要
知道」的線的另一邊，它並不是太難以了解的東西。

　　假設你是大自然女神，而且想要設立一種一切生
物──不論植物或動物──都適用的廣義生命設計。你
面對的最大困難是如何傳宗接代。畢竟，不論製造出一
朵非凡的玫瑰、一隻蟑螂或一匹馬有多麼困難，除非你
賦予它創造出更多玫瑰、蟑螂與馬的能力，否則你的成
就很有限。那麼，玫瑰花如何產生玫瑰花？一匹馬如何
通知牠的後代應該是一匹馬而不是一葉草或一隻蟑螂
（有四條腿而不是六條腿、沒有葉綠素或觸鬚），還有
其他等等？

　　你必須記載而且執行龐大數量的外顯規格才得以保

證後續的每一代遵循相同的形態。大自然如何不藉助於鉛筆與紙張、錄影帶或光碟，來安排記錄並且一次又一次重新播放那些總合在一起是「馬」的龐大數量的複雜訊息？

答案是：大自然把這些全都記在叫做 DNA 這項令人驚歎的一段物質上，就像是記在一段記憶磁帶上。

DNA 原文是「去氧核糖核酸」（deoxyribonucleic-acid）。因為它的原文是個很長的名稱，所以用 DNA 這個縮寫來免除我們的記憶之苦。這個物質是由某些特定集群的原子排列出捲成螺旋狀的長帶所構成，然後壓縮成緊密的小包裹並藏在地球上每一種生物身上的每一部分（而且幾乎是每一個細胞裡），從 6 噸重的大象到單細胞的細菌與律師都是如此。

DNA 帶子上的訊息是用密碼書寫的。構成密碼的就是沿著帶子分布的原子集群的確切排列順序。如果把原子集群當成字，它們的序列就是句子。原子集群的特定序列傳達特定的訊息，就像句子裡特定序列的字眼。

科學家把原子集群「字」稱做核苷酸，把「句子」稱做基因。每一個基因「句子」陳述一匹小馬寶寶（或是蟑螂、人類等）應該是怎樣或不應該是怎樣的訊息。基因甚至使每一個小寶寶與其他小寶寶不同。在人類 DNA 的一個單獨帶子裡有如此多的「字」（或許幾百萬個）組合成如此多的基因「句子」（或許十萬個）。所以除了同卵雙胞胎外，世上五十億人口中（或者過去所有世代的人），沒有兩個人具有完全相同的組合。

　　想像一下這個機率：如果你有一個裝了幾百萬個字的籃子，而且矇著眼睛伸手進去，一次只拿一個，拿出夠多的字組成一本有十萬個句子（相當長）的書。你認為若再重複做一次，有多大機會可以得到完全相同的字，並排成相同的順序（也就是得到完全相同的一本書）？在人類的情況中，因為歷史與地理的隔絕而使得機率更小：在瑞典的婦產科產房複製完全相同的非洲黑人嬰兒的機率，就比單純數學顯示的更來得渺茫。

　　啊哈！如果地球上每一個人類在他或她的 DNA 帶子上都有獨特的一套基因，我們能不能藉著檢驗他或她的 DNA 而確定某一個人的特性？原則上可以，只不過我們連一個人的 DNA 基因順序都沒能完全解讀出來。但是如果身體上從皮膚到血液、毛髮、指甲以及精液等，每一個細胞都找得到 DNA，我們能不能藉著，例如比對嫌犯的 DNA 與在犯罪現場找到的 DNA 而指認犯罪的人呢？的確可以，法醫 DNA 分析的全部重點就是這回事。

　　他們怎麼做的？他們從細胞樣本取出 DNA，然後加上促成 DNA「生長」的酶（複製相同的版本），直到獲得夠多 DNA 可供檢驗。接著用其他的酶把帶子切成各種可處理長度的片段，就像把一本書切成不同的頁、段落、句子與片語。接著技術人員依照長度列出所有切斷的片段（我會告訴你如何做），從要比對的兩種樣本中，尋找完全相同的字串排列。而相同的片段意味著相同的 DNA 與相同的人。

想想看，如果你把兩本書切成好幾百個片段，然後得到半打相同的書頁或者順序完全相同的段落，那麼一定是拿到兩本相同的書（或是天大的著作剽竊案）。

現在談談名聞遐邇的黑點。那些階梯狀的粗黑線是由 DNA 的片段造成的，這些片段依照它們的大小而在電氣器材裡沿著類似跑道的東西分布。技術人員賦予各片段相同數量的負電荷，然後讓它們沿著一個表面緩緩地飄向一個正極。最小、最輕的片段飄移最快且移動最遠，當賽跑結束的時候它們停在階梯的最高處；比較重的片段落後的程度各不相同，於是它們依照它們的大小而分開散布。

小到看不見的一群群分離的 DNA 片段被賦予輻射的特性，以使它們的輻射能在感光底片上形成曝光點，使我們看得見它們在跑道上的最後位置。科學家比對的就是沖洗出來具有賽跑結束時 DNA 片段所在位置的曝光記號的底片，藉以比較兩個樣本的 DNA 結構。在賽跑結束時，相同的最終位置指出相同的 DNA，而相同的 DNA 就是相同的人，誤差機率只有幾百兆分之一。

當然，永遠有很小的機會，謀殺犯會是一匹馬。

能量也能夠回收再利用嗎？

為了節約能源，我們近來各種東西都回收。我們能夠回收能量本身嗎？

　　如果你說的回收意思是把某種東西轉變成更有用的形式，那就絕對可以。我們向來都這樣做。發電廠把水、煤或核能轉變成電能；我們在廚房的烤麵包機把電能轉換成熱能；我們在汽車引擎裡把化學能轉換成動能。不同形式的能量全都可以互換，我們必須做的只是發明能進行互換的機器。

　　但這裡有一個陷阱——或許是全宇宙最大的陷阱：我們每一次轉換能量的時候，都會失去一些能量。那不只是因為我們的機器效率不好或因為我們粗心大意，事情的原因比那更加基本。這就像是在國外兌換貨幣，每次轉換都有一個宇宙性的貨幣兌換員抽取一點費用。這個宇宙性的貨幣兌換員叫做「熱力學第二定律」。

　　這就好像是一種「有好消息也有壞消息」的玩笑。

　　首先，說好消息。那就是能量守恆定律，也叫做「熱力學第一定律」。這定律說：能量無法創造也無法消滅。能量可以在它的許多形式之間轉換（熱、光、化學、電、質量等等），但是它的數量必須永遠保持相同；能量永遠不會單純地消失掉。宇宙裡的質能總量在

創造時就固定了（頁 313），我們永遠不會沒有能量。

太棒了！那麼我們必須做的只是不斷轉換與反轉換當時需要的能量形式（燈泡發出來的光、來自電池的電、來自引擎的運動），而且不斷地重複使用它，就像回收鋁罐一樣回收能量，對嗎？

不幸的是，不對。以下就是壞消息。「熱力學第二定律」說：每當我們在不同形式間轉換能量時，就會失去一些能量的可用性。我們不可能失去能量本身（第一定律不容許這樣的事），但是會失去一些能量做功的能力。如果不能利用能量做功，那麼能量還有什麼好處？

失去一些做功能力的原因是每當我們把能量從一種形式轉換成另一形式時，不論我們是否願意，總有一些能量變成熱能。

我們在火力發電廠燒掉的煤，裡面 60% 的能量以熱的形式被浪費，大約只有 40% 變成電能，而且有許多電能損耗在輸電到你家的高架電纜裡。然後，你送進燈泡的電能有 98% 以熱的形式浪費掉。再舉個例子，汽油裡大部分的化學能會以熱的形式離開汽車的散熱器與排氣管。

縱使這些複雜的運轉 100% 有效，某些熱量仍會不可避免地散失，即使在水推動水輪的時候，水的能量仍然有少許變成水輪軸承裡的摩擦熱。

期望不產生任何熱量就等於是期望沒有摩擦，期望沒有摩擦就等於期望一個機器永久運轉而且不會減慢。永恆運動、無中生有的能量……這些都是不可能的（參

考第一定律）。因此，只要運用能量去做功，就必然會生熱。

　　但是熱仍然是能量，不是嗎？它當然是。那麼我們為什麼不能把這個能量當做可用的能量放回去做功呢？

　　這就是第二定律真正的壞消息。我們確實可以這樣做，但是不能完全做到。雖然其他形式的能量可以 100% 轉變成熱，熱卻不能 100% 轉變成任何一種形式。為什麼呢？因為熱是分子混亂的、無秩序的運動（頁 311）。一旦能量進入混亂的狀態，就不可能從它得到全部有用的功。試看看用一群四處奔跑的馬來犁一片田。

　　所以隨著世界運轉，一切形式的能量正一點一滴永不止息地被轉變成不可回收的熱能。世界上的能量逐漸轉變成無用的、混亂的粒子運動。我們使用的愈多，失去的也愈多。

　　整個宇宙像廉價電池一般趨向耗竭。

　　我們正在單行道上向下走。

　　願你有美好的一天。

為什麼總是有破不了的定律？

這可能是個笨問題：是什麼東西決定事情會不會發生？水會流向低處，但是不流向高處；我可以把糖溶在咖啡裡，但是如果我溶太多的糖，我卻無法把糖取出來；我可以引燃一枝火柴，但是無法使它復原……。有沒有宇宙律決定什麼可以發生與什麼不可以發生？

　　沒有所謂笨問題這回事。事實上，你的問題或許是整個科學裡最深奧的問題。儘管如此，它倒是有頗為單純的答案——這是說自從一個叫做喬賽亞・威拉德・吉布斯（Josiah Willard Gibbs）的天才在 19 世紀後期想通這回事之後。

　　答案就是在大自然的每一個地方都有兩個基本量之間的平衡——能量。你或許已經知道一些有關的事以及「熵」（頁 314）；你或許不知道（但很快就會知道）有關它的事。某件事會不會發生就是由這個平衡決定。

　　某些事情可以自然發生，但是除非得到外來協助，反向的事不會發生。例如，我們可以藉著挑水或以幫浦打水來使水流向高處；如果真的想要的話，我們可以藉著蒸發水分，然後以化學方法分離糖與咖啡粉，就能取回溶在咖啡裡的糖；要使燒過的火柴頭復原就困難得

多，但是只要有時間與設備，一群化學家或許可以從那些灰燼、煙與氣體間重建火柴頭。

重點是上面的每一個例子都需要許多的干預——從外界輸入能量。在完全不干預的情況下，大自然容許很多事情自然發生。但如果我們袖手旁觀，一直等到世界末日，其他事就永遠不會發生。大自然的底線就是如果能量與熵的平衡恰當，事情就會發生；如果不恰當，就不會發生。

讓我們先談能量，然後再解釋熵。

一般而言，如果可能的話，每樣東西都會試圖降低它的能量。瀑布上的水藉著下墜到底下的水塘而消除想要掙脫的位能（我們可以利用水下墜途中釋出的能量為我們推動水輪）。但水一旦進入水塘，至少就位能而言，它就「沒有能量」了。水無法再回到上面去。許多化學反應發生的原因也相似：化學物質藉著自發的轉變，自己成為含有能量較少的物質，以消除內部蓄積的能量。燃燒的火柴頭便是一個例子。

於是，在其他條件相同的時候，大自然的傾向是每樣東西如果可行，就會降低能量。這是第一條規則。

但是降低能量只是使事情發生的一半原因；另一半原因是增加熵。熵只是一個比較炫的字眼，用來表示無秩序或混亂、事物渾沌無規律的安排。美式足球隊員在開球的時候排成有秩序的隊形（他們不是無秩序的），所以他們具有不高的熵值；但是在開球後，他們可能散布在整個球場，形成比較無秩序、熵值較高的排列。

構成一切物質的各個粒子（原子與分子也一樣），在任何時刻，它們可能處於有秩序的排列、處於極無秩序的一團亂或者兩者之間的某種排列。也就是說，它們可能具有從低到高不同數量的熵。

當其他條件（能量）相等的時候，大自然的天性是每一件事容易愈來愈混亂（也就是說，如果能夠的話，每件事都會增加它的熵）。所以，這便是第二條規則。只要熵的增加量足以補償而且有餘，就可能發生「不自然的」能量增加；或者只要能量的減少量足以補償而且有餘，就可能發生「不自然的」熵減少，懂嗎？

一件事情能不能在自然界天然發生（沒有外來的任何干預），主要是能量規則與熵規則之間平衡的問題。

瀑布呢？水下墜的原因是能量大幅減少，在上面的水與在底下的水幾乎沒有熵的差別。這是一個由能量驅動的過程。

咖啡裡的糖呢？糖溶化是因為熵有大幅度增加，在咖啡裡游動的糖分子比整齊排列在糖晶體裡的糖分子更加無秩序。然而，固態的糖與溶解的糖幾乎沒有能量的差別（糖溶解的時候，咖啡不會變得更熱或更冷，會嗎？）。這是由熵驅動的過程。

燃燒的火柴呢？明顯地有大量的能量降低，蓄積的化學能以熱與光的形式釋出。但是也有大量增加的熵，翻騰的煙與氣體遠比緊緻的小小火柴頭更加無秩序。所以這個反應受到自然規則的雙重激勵，於是在你提供刺激性的摩擦時，它便立即迅速進行，同時受到能量與熵

的驅動。

　　如果假設有一個過程裡，能量與熵這兩個物理量之一「走錯路」時怎麼辦？如果另一個量「走正路」，強大到足以克服錯路，那麼這個過程仍然可以發生。也就是說，只要熵增加量大到足以制衡能量增加，就可以增加能量。還有，只要能量減少量大到足以制衡熵減少，那麼就可以減少熵。

　　吉布斯所做的就是設想並且寫出「能─熵平衡」的方程式。如果某個過程用這個方程式得到的結果是負數，這就是大自然容許自然發生的；如果是正數，這個過程就是不可能自然發生的。絕對不可能。除非人類或者其他什麼東西從外界加進去能量而繞過規則。

　　如果使用的能量夠多，我們永遠可以克服大自然萬物偏向於無秩序的熵規則。例如，只要我們夠努力，就能夠一個原子一個原子地去蒐集那些溶解在地球海洋裡的 1000 萬噸、可任人取用的黃金。但是這些黃金以混亂、難以置信的高熵狀態分布在 3 億 2400 萬立方英里（13 億 5000 萬立方公里）的海洋裡。問題在於分離與純化這些黃金所需要的能量成本可能比黃金價值更高。

　　正符合他對於力學定律的狂熱，據說阿基米得說過：「給我一根夠長的槓桿與一個支點，我就能舉起整個地球。」如果他知道有熵與蘋果派，他可能會加一句：「給我夠多的能量，我就能使世界恢復蘋果派的美好秩序。」

WHAT EINSTEIN DIDN'T KNOW: Scientific Answers to Everyday Questions by Robert L. Wolke
Copyright © 1997 by Robert L. Wolke
This Edition Arranged with CAROL PUBLISHING GROUP
through Big Apple Tuttle-Mori Agency, Inc.
Complex Chinese Character translation rights © 2019 by Faces Publications, a division of Cité Publishing Ltd.
All Rights Reserved.

科普漫遊　FQ1013Y

請問牛頓先生，番茄醬該怎麼倒？
破不了的定律、消失的雪人、吵鬧的冰塊，愛因斯坦也想知道的109個科學謎題

作　　　者	羅伯特‧沃克（Robert L. Wolke）
譯　　　者	高雄柏
副 總 編 輯	劉麗真
主　　　編	陳逸瑛、顧立平
文 稿 編 輯	龐涵怡、陳香如

發 行 人	凃玉雲
出　　版	臉譜出版
	城邦文化事業股份有限公司
	台北市中山區民生東路二段141號5樓
	電話：886-2-25007696　傳真：886-2-25001952
發　　行	英屬蓋曼群島商家庭傳媒股份有限公司城邦分公司
	台北市中山區民生東路二段141號11樓
	客服服務專線：886-2-25007718；25007719
	24小時傳真專線：886-2-25001990；25001991
	服務時間：週一至週五上午09:30-12:00；下午13:30-17:00
	劃撥帳號：19863813　戶名：書虫股份有限公司
	讀者服務信箱：service@readingclub.com.tw
香港發行所	城邦（香港）出版集團有限公司
	香港灣仔駱克道193號東超商業中心1樓
	電話：852-25086231　傳真：852-25789337
馬新發行所	城邦（馬新）出版集團 Cité (M) Sdn Bhd
	41-3, Jalan Radin Anum, Bandar Baru Sri Petaling, 57000 Kuala Lumpur, Malaysia
	電話：603-90563833　傳真：603-90576622
	E-mail: services@cite.my

四 版 一 刷　　2019年9月3日

城邦讀書花園
www.cite.com.tw

定價：360元　　　　　　　　　（本書如有缺頁、破損、倒裝，請寄回更換）

本書初版原名《愛因斯坦也不知道：日常生活的科學解答》
本書二版、三版原名《蟋蟀先生，今天氣溫幾度？：愛因斯坦也不知道的109個科學謎題》

國家圖書館出版品預行編目資料

請問牛頓先生，番茄醬該怎麼倒？：破不了的定律、消失
的雪人、吵鬧的冰塊，愛因斯坦也想知道的109個科學謎
題／羅伯特・沃克（Robert L. Wolke）著；高雄柏譯. — 四
版. -- 臺北市：臉譜，城邦文化出版：家庭傳媒城邦分公司
發行, 2019.09
面；　公分. --（科普漫遊；FQ1013Y）

譯自：WHAT EINSTEIN DIDN'T KNOW: Scientific Answers
　　　 to Everyday Questions

ISBN 978-986-235-776-7（平裝）

1. 科學　2. 通俗作品

307.9　　　　　　　　　　　　　　　　　　108013571